Schutzwald.

Forst- und wasserwirtschaftliche Gedanken

von

H. Kautz,

Königl. Forstmeister in Sieber i. Harz.

Mit 3 Textfiguren und 2 lithographierten Tafeln.

Berlin.

Verlag von Julius Springer.

1912.

ISBN-13: 978-3-642-98516-4   e-ISBN-13: 978-3-642-99330-5
DOI: 10.1007/978-3-642-99330-5

Softcover reprint of the hardcover 1st edition 1921

Druck der Universitäts-Buchdruckerei von Gustav Schade (Otto Francke)
in Berlin und Fürstenwalde.

Vorwort.

Die Ansichten über die Einwirkung des Waldes auf den natür=
lichen Wasserhaushalt sind immer noch so geteilt, daß es nützlich
erscheint, die in Fachzeitschriften über diese Frage niedergelegten Be=
obachtungen und Untersuchungen dem Urteile eines größeren Leser=
kreises zu unterbreiten. Der Zeitpunkt erscheint besonders geeignet, da
demnächst der Entwurf zu einem Preußischen Wassergesetz den beiden
Häusern des Landtags zur Beratung vorgelegt werden soll.

Die vorliegende Arbeit will besonders den zur Gesetzesarbeit
Berufenen, die der Bodenwirtschaft fernstehen, eine kurze Übersicht
geben; sie ist mit Absicht knapp gehalten. Wer tiefer in den Stoff
eindringen will, wird die Mittel dazu in der angegebenen Literatur
finden.

Inhaltsverzeichnis.

Einleitung.

Besitz verpflichtet! Kein Staat — wir dürfen es mit Stolz sagen — hat den Ausbau dieses ungeschriebenen menschenwürdigen Gesetzes mit mehr Willenskraft und Erfolg eingeleitet und fortgeführt als das Deutsche Reich unter seinem ersten und dritten Kaiser.

Das Streben nach Besitz — geistigem und materiellem — ist allgemein. Das Streben nach Verbesserung der Daseinsbedingungen ist für jeden Einzelnen der wirksamste Antrieb zur Arbeit. Manche finden diesen Antrieb in der Unvollkommenheit der menschlichen Anlage begründet, während er ein untrügliches Zeichen von tatkräftiger Gesundheit ist. Es ist freilich sicher, daß bei dem eigennützigen Streben der Einzelnen Brutalitäten vorkommen, durch die der physisch und wirtschaftlich Schwache vom Stärkeren geschädigt wird; aber ebenso sicher ist unsere Aufwärtsentwickelung zur Veredelung des wirtschaftlichen Wettbewerbes. Der Staat hat schon lange die Besitzrechte der Einzelnen geregelt, und in der neuesten Zeit haben Genossenschaftsgesetze, Arbeiterfürsorgegesetze, das Gesetz gegen den unlauteren Wettbewerb, allgemeine Wohlfahrtseinrichtungen und ein Heer von Polizeiverordnungen bewiesen, daß der Staat seine Pflicht, den wirtschaftlich Schwachen zu schützen, in steigendem Maße erfüllt.

In einem Staate, der die großen Vermögen mit Recht kräftig zu besteuern sucht, muß es Verwunderung erregen, daß es noch Grundbesitz gibt, der unter leichten Umständen für die Staatsgesellschaft ertragreicher gemacht werden kann, über den man dem Einzelbesitzer aber immer noch das sehr oft unproduktiv angewandte Verfügungsrecht ganz uneingeschränkt läßt.

Besitz von vaterländischem Grund und Boden! Der Volksmund sagt Grund und Boden; man spricht nicht allein von der nahrungsspendenden Krume, sondern auch von dem Grunde, auf dem wir wohnen, der länger dauert als mobiles Kapital; der von den Vätern mit Gut und Blut verteidigt, vererbt und uns heilig ist. Wem ein

1

freundliches Geschick ein Stück vaterländischen Bodens bescherte, der ist verpflichtet, diesen Boden so zu bewirtschaften, daß die Gütererzeugung aus ihm möglichst groß sei auch zum Nutzen der Gesamtheit. Der Grund und Boden ist als ein Fideikommiß zu betrachten, als ein Gut auf Treu und in dem Glauben dem Besitzer anvertraut, daß er dies Gut als Nahrungsspender zugleich für sich und für die Gesamtheit betrachte, dementsprechend klug nutze und fürsorglich erhalte.

Beim Waldbesitz erstreckt sich diese fürsorgliche Erhaltung des „Gutes" nicht allein auf den Boden, sondern auch auf den Vorrat im Walde, der mit dem Bodenwerte zusammen das zinstragende Kapital darstellt. Wer von seinem Waldbesitz den Boden auch noch so kräftig zur Holzzucht erhält — und verbraucht doch vorzeitig seine Vorräte, der mag seinen Säckel wohl füllen, aber der Schaden, den die jetzt mit Überfluß an Rohstoffen bedachte, bald daran Mangel leidende Industrie durch solche Augenblickswirtschaft erleidet, ist sehr beträchtlich. Ebenso schädlich ist das aus der Raubnutzung hervorgehende Schwanken im Arbeitsangebot für die angesessenen Arbeiter und Fuhrleute. Wie leicht die Bevölkerung durch den erst reichlichen Verdienst aus ihrer ruhigen sparsamen Lebensführung zu flottem sorglosen Dasein geführt und alsbald nach der Raubwirtschaft vor nichts gestellt wird, konnte man recht deutlich in den 1880er Jahren in Vorpommern beobachten, wo in wenigen Jahren 28 300 Morgen ehemaliger Privatforsten von Aktiengesellschaften „ausgeschlachtet" und dann von der Staatsforstverwaltung angekauft wurden, um nun den Oberförstereien Rieth, Mützelburg und Eggesin zugeteilt erst in vielen Jahrzenten wieder einer geordneten Wirtschaft zugeführt zu werden. Solche Beispiele gibt es mehr als man denkt. Waldgüter zum Ausschlachten werden offen in den Zeitungen gesucht und angeboten.

Die Vermeidung eines Schwankens in den jährlichen Ernteerträgen oder die nachhaltige Sicherung möglichst gleicher Ernten muß ein sehr erstrebenswertes Ziel sein. Familien, die der Zersplitterung ihres Grundbesitzes steuern wollen, dürfen durch Gesetz diesen Besitz der Familie erhalten, indem sie dem jeweiligen Eigentümer — vielmehr Nutznießer des Familienbesitzes Beschränkungen betreffs der Veräußerung, Verpfändung und Vererbung auflegen. Auch das Waldkapital solcher zu „Fideikommissen" umgestalteten Familienbesitze darf nicht angegriffen, sondern es darf nur der Zuwachs genutzt werden. Auf diese Weise ist es gekommen, daß nächst den Staatsforsten und den unter voller Staatsaufsicht stehenden Gemeinde-, Stifts- usw. Waldungen die Familienfideikommißforsten die zuverlässigsten Spender eines gleichbleibenden nachhaltigen Holzrohstoffbezuges sind; ein bemerkenswertes Beispiel, wie durch eine gesunde Familienpolitik zugleich das Wohl der Staatsgesellschaft gefördert wird.

Je dichter unsere Bevölkerung wird, desto dringlicher werden auch die bodenwirtschaftlichen Forderungen der Gesellschaft. Die freie Verfügung über das Grundeigentum ist grundsätzlich anerkannt. Wenn die freie Verfügung so weit geht, daß jeder Besitzer seinen Boden behandeln kann, wie er will; daß er ihn auch veröden lassen kann, dann ist nach meiner Ansicht der Wille des Gesetzgebers verkannt. Das Landeskulturedikt v. 14. September 1811 hat gewiß segensreich gewirkt, aber vielen Privatwäldern hat es den Todesstoß gegeben. Wir sollten nach 100 Jahren gelernt haben, daß die ungezügelte wirtschaftliche Freiheit nicht allen Wirtschaftsobjekten, auch nicht einmal allen Wirtschaftern gut bekommt. Die Forderung erscheint gerechtfertigt, „die freie Verfügung über das Grundeigentum" müsse dahin eingeschränkt werden, daß der Besitzer von Grundeigentum zur Beschaffung eines möglich hohen nachhaltigen Ertrages in seinem Interesse und zum Nutzen der Volkswohlfahrt gesetzlich verpflichtet sei. Es würde gewiß schwer sein, die rechte und gerechte Aufsicht über die nützlichste Bewirtschaftung des Bodens zu bewerkstelligen. Sind wir und die Verhältnisse noch nicht reif zu solchen Entschlüssen, so muß aber jetzt schon wenigstens das eine gefordert werden: Das Grundeigentum mnß so genutzt werden, daß durch die Art der Nutzung der Landeskultur und der Volkswohlfahrt nicht unmittelbar Schäden zugefügt werden.

Allgemein bekannt sind in dieser Beziehung die wiederholten Hochwasserschäden, die außer in den meteorologischen Verhältnissen doch hier und da auch in dem Zustande der Bodenwirtschaft ihre Entstehungs- oder doch oft eine Verschlimmerungsursache haben.

Heimische und ausländische Zustände lassen uns im Walde einen Beschützer sehen gegen Klimaverschlechterung, außergewöhnliche Temperaturschwankungen, rauhe Winde, Wassersnot, Ertraglosigkeit des Bodens.

Am meisten umstritten ist die Frage über die Wirkung des Waldes in wasserwirtschaftlicher Hinsicht. Es erscheint an der Zeit, darüber zu verhandeln bei der Durchberatung des Entwurfs zu einem Preußischen Wassergesetz. Für die Medizinalwasser gibt es einen Quellenschutz (Ges. v. 14. Mai 1908), die gewöhnlichen

Quellen und kleinen Rinnsale, die vereint zu Zeiten kulturschädliche Kraft entfalten können, sind in ihren Uranfängen gesetzlich kaum beachtet. Gegen die entfesselte Macht der Flamme hat man Feuerwehren, der Staat verzichtet deshalb aber nicht auf die vielen oft lästigen gesetzlichen und polizeilichen Bestimmungen über die Bewahrung des Funkens. Heute strebt man mit Recht nach Ausdehnung der Wasserwehren; für das Gebirgsland stehen die Talsperrenprojekte und -bauten auf der Tagesordnung; die Sperren sind z. T. teuer, z. T. wirtschaftlich hoch rentabel, immer nützlich durch die Zurückhaltung der Hochwasser, aber jedenfalls kann man sie nicht überall hinsetzen, und es erscheint zweckmäßig, zu untersuchen, ob man die Behandlung des Kleinwassers durch geeignete bodenwirtschaftliche Maßnahmen in einer für alle anderen Zweige der Volkswirtschaft günstigen Weise durchführen kann; billig, vielleicht ohne Kosten, vielleicht gar noch mit Gewinn.

Wir behandeln

1. die Wirkung des Waldes als Wasserregulator,
2. das Ödland,
3. die Bedingungen und Folgen des forstlichen Betriebes,
4. die wirtschaftlichen Eingriffe in den Boden des Waldes.

Der Wald und die Niederschläge.

Die erste umfassendere Behandlung der Einwirkung des Waldes auf die Wasserhaltung und Wasserführung erfolgte im September 1876[1]) durch den Vortrag des Geh. Oberforstrats Dr. Grebe in Eisenach. Damals war die Wasserstatistik noch wenig ausgebaut, die Urteile über die Bedeutung des Waldes im Wasserhaushalte daher noch wenig geklärt. Zwei Forderungen standen sich in Eisenach gegenüber: der Antrag des Professors Dr. Lorenz:

Vor der Ausführung von forstwirtschaftlichen Maßnahmen zur Zurückhaltung des Wassers sollten die Pflanzenphysiologie und die Meteorologie erst Beweise über die Gesamtwasserwirkung des Waldes liefern,

die Mahnung des gelehrten Praktikers Oberforstmeisters Danckelmann: mit praktischen Maßnahmen in unzweifelhaften Fällen sofort vor-

---

[1]) Bericht über die V. Versammlung Deutscher Forstmänner zu Eisenach am 3. bis 6. September 1876, S. 107 ff. Verlag von Julius Springer, Berlin 1877.

zugehen. Danckelmann sagte: „Wenn wir mit den Maßregeln zur Erhaltung des Wassers warten wollen, bis die exakten Versuche und Untersuchungen zu Ende geführt sind, dann befürchte ich, daß uns vorher das Wasser ausgeht!"

Es ist jedenfalls das hohe Verdienst der Eisenacher Beratung, daß die exakten Untersuchungen auch staatlich nun mehr gefördert, und daß die bereits draußen in den Forsten ausgeführten Wasser= schutzarbeiten (O. Kaisers Wegebau) in's rechte Licht gerückt wurden.

In den letzten Jahren sind die Zweifel über die wasserhaltende Wirkung des Waldes wieder sehr laut geworden, nachdem russische und amerikanische Ingenieure nachgewiesen haben, daß der Wald nicht nur nicht das Niedrigwasser der Flüsse erhöht, sondern in niederschlag= armen Zeiten der Feldumgebung sogar noch Wasser entzieht.

Vergleicht man damit die Klagen vieler Ortschaften, daß ihre Wasserleitungen nach der Entwaldung des Quellgebietes oder nach der Umwandlnng des Laubwaldes in reinen Nadelholzwald nicht mehr so ergiebig wie früher seien, so wird das Urteil über die Wechselwirkung zwischen Wald und Wasser gründlich verwirrt.

Zum Glück haben wir die vortrefflichen Untersuchungen des Oberforstmeisters Ney[1]), aus denen hervorgeht, daß die Waldeinwirkung auf den Wasserhaushalt nach der Höhenlage und der von ihr ab= hängenden Niederschlagsmenge wechselt, daß der Wald hier wasser= bereichernd und dort wasserentziehend wirken kann.

Die Richtigkeit der russischen Untersuchungen sieht man sofort ein, da sie an Don und Dniepr in Tieflagen ausgeführt sind, wo die jährliche Niederschlagsmenge unter der Wasserverbrauchsmenge des Waldes bleibt. Die Örtlichkeit der amerikanischen Untersuchungen ist mir nicht bekannt. Übrigens stehen diesen Untersuchungen andere von Tunmey in Californien gefundene Zahlen gegenüber s. Ramann[2]) Bodenkunde S. 19: „Der erste Regen wurde im bewaldeten Gebiet zu 95 Proz., im entwaldeten zu 60 Proz. vom Boden aufgenommen. Nachdem der Boden teilweise gesättigt war, hielt der bewaldete Boden 60 Proz., der unbewaldete nur 5 Proz. der Niederschläge zurück". Es kommt eben darauf an, in welchen Höhen und Gefällagen und

---

[1]) „Der Wald und die Quellen" von E. E. Ney, Regierungs= und Forstrat in Straßburg. Tübingen 1893. Verlag von Franz Pietzker.

[2]) „Bodenkunde" von Professor Dr. E. Ramann in München. Verlag von Julius Springer, Berlin 1911. 3. Aufl.

unter welchen waldbaulichen Verhältnissen die amerikanischen Unter=
suchungen angestellt sind.

Bei der Darstellung der wasserverbrauchenden, wasserzurück=
haltenden und wasserverteilenden Wirkung des deutschen Waldes folge
ich in der Hauptsache den Neyschen Angaben.

Wasserverbrauch.

Kronenbenetzung.

Bei Niederschlägen bleibt ein beträchtlicher Teil des Wassers in
den Baumkronen hängen, bei schwachen Regen verhältnismäßig
mehr als bei starken Regengüssen. Nach den Untersuchungen der
unter der Leitung der Preußischen Hauptstation stehenden forstlich=
meteorologischen Stationen von 1875—1884 blieben 23,6 Proz. des
Niederschlagwassers in den Kronen hängen, bei Buchen im Sommer
sogar 29,4 Proz.

Dieser Anteil ist indessen nicht ganz verloren, sondern, wie wir
weiter sehen werden, etwa nur zur Hälfte. In den Buchenkronen
bleiben nur rund 15 Proz. hängen.

Bei den meisten Feldfrüchten ist das Prozent des hängen=
bleibenden Wassers kleiner als bei der Buche (Versuche von Wollny).

Vom Schnee gelangten 1875—1884 (forstl.=meteorl. Stationen)
durchschnittlich

in 50 Fällen unter entblätterten Buchen . . 1,44 mm
„ 38 „ „ lichten Kiefern . . . . 7,98 „
„ 40 „ „ dichtbenadelten Fichten . 32,68 „

weniger in die Regenmesser als im Freien. Das abweichende Er=
gebnis der elsaß=lothringischen Stationen mit 3,3 mm mehr wird
noch begründet.

Von allen Niederschlägen: Regen und Schnee kamen 1875—1884
durchschnittlich in den Regenmesser weniger als im Freien

bei Buchen . . . 22,9 Proz.
„ Kiefern . . . 28,0 „
„ Fichten . . . 20,2 „

Verdunstung.

Das in den Kronen hängenbleibende Wasser wird dem Boden
entzogen, wird in die Luft verdunstet und kommt höchstens durch neue
Wolkenbildung der Nachbarschaft wieder zugute.

Waldflora.

Von den Pflanzen, die unter dem Kronenschirm des Waldes gedeihen, sind als wasserentziehend nur die Moose zu nennen, die infolge der Quellbarkeit ihrer leicht durchdringbaren Zellwandungen das 3—4 fache ihres eigenen Gewichts aufsaugen können. Wieviel Wasser nach der Sättigung von den Moosen in den Boden durchgelassen wird, darüber sind die Untersuchungen leider nicht lückenlos. Francé sagt: „Die Moose verdunsten fast ebensoviel Wasser, wie sie aufnehmen."

Bodenverdunstung.

Der Wasserverlust durch Verdunstung unmittelbar aus dem Boden ist im Walde nicht so bedeutend wie im Freien. Ebermayer (Ney S. 41) fand ein Verhältnis der Verdunstungsmenge im Freien und im Walde von 100 : 47. Ney hält nach den von Wollny im Freien (nicht unter dem Schutze des Waldschirms) ausgeführten Versuchen über Sickermengen die Bodenverdunstung im ·Walde für viel geringer.

Vegetative Verdunstung.

Ohne Untersuchung wird man annehmen, daß der blätterreiche Wald und noch mehr der immergrüne Nadelwald gegenüber der geringeren Verdunstungsoberfläche der landwirtschaftlichen Gewächse eine erheblich höhere Wasserverdunstung bei der Ernährung der Pflanzen (bei der Entnahme der festen Nährstoffe aus der Wasserlösung) herbeiführt. Das trifft nicht zu! Die Untersuchungen von Risler, Wollny, v. Höhnel, Theodor Hartig, Ebermayer ergeben, daß der Gesamtverbrauch an vegetativem Verdunstungswasser im Mittel beträgt

bei der Buche . . . . . . 273,62 mm
  „ „ Fichte . . . . . 211,36 „
  „ „ Kiefer . . . . . 73,38 „
vom Kartoffelfelde . . . 165,00 mm
  „ Getreidefelde . . . 388,60 „
von der Wiese . . . . . 951,60 „

und die Gesamtverdunstung

bei der Buche . . . . . 453,80 mm
  „ „ Fichte . . . . . 515,80 „
  „ „ Kiefer . . . . . 346,70 „

vom Kartoffelfelde . 343,40 mm ⎫
„ Getreidefelde . 642,80 „ ⎬ i. Mittel 576,1 mm.
von der Wiese . . 1056,40 „ ⎭

Übergang in die Pflanzensubstanz.

Auch in der großen Masse des Holzes wird jährlich weniger Wasser aufgespeichert als in den Feldfrüchten; das Holz ist wasser= ärmer als die in grünem Zustande geernteten Wiesengräser und Kartoffeln. Der Verbrauch stellt sich nach Ebermayer jährlich

beim Walde auf . . . . . 0,22 mm Regenhöhe
bei der Wiese auf . . . 0,58 „ ⎫
„ dem Weizenfelde . . . 0,07 „ ⎬ i. Mittel 0,78 mm.
„ „ Kartoffelfelde . . 1,67 „ ⎭

Abfluß auf Steilhängen.

Wo der Wald auf steilen Hängen stockt, wird von dem Nieder= schlagwasser natürlich durch sofortigen Abfluß etwas dem Waldboden und den Quellen entzogen werden.
Bei dem streubedeckten Waldboden er= reicht dieser Abfluß auf geneigter Fläche höchstens . . . . 2 Proz. der Regenhöhe
im streulosen Walde, auf kahlem Boden und im Felde . . . . 10 „ „ „

Vorteile der Waldbestockung.

Schutz gegen Regenschlag.

Dieselben Kronen, die durch ihre Benetzung soviel Regen zurückhalten, bieten den besten mechanischen Schutz gegen die Platz= regen. Das Schlimmste, was einem gelockerten, krümeligen Boden ge= schehen kann, ist das Verdichten seiner Oberfläche. Die Gewalt heftiger Regen, die durch Einschlämmen der feinsten Bodenteilchen die Hohlräume im Boden des freiliegenden Ackers verstopfen und so die Vorteile der Lockerung durch den Pflug aufheben, wird im Walde durch die Baumkronen abgeschwächt und kann dem Waldboden nicht schaden.

Kronenbenetzung.

Der Nachteil, den die Wasserzuführung zum Boden durch das Hängenbleiben in den Baumkronen erleidet, ist nicht so hoch zu be=

meſſen, wie auf S. 6 angegeben iſt. Starke Regen, die in der Niederſchlagſumme am meiſten in Betracht kommen, laufen nach vollſtändiger Benetzung der Blätter und Nadeln ab und tropfen hernieder. Bei etlichen Waldbäumen verkehrt ſich der Nachteil in großen Vorteil, indem Waſſer an den Stämmen herunterläuft, gleich tief in den Boden eindringt und ſomit der Bodenverdunſtung entzogen wird. Es iſt etwa die Hälfte, die von dem in der Krone aufgefangenen Waſſer doch noch zum Boden und in den Boden gelangt.

Bodenverdunſtung.

Die Kronen ſchützen noch auf andere Weiſe gegen den Feuchtigkeitsentzug im Waldinneren. Das Blätter= und Nadeldach bildet eine ſchützende Decke gegen das Entweichen des Waſſerdampfes; die Luftbewegung wird mehr als im Freien abgehalten, und ſo kommt es, daß das vom Boden verdunſtete Waſſer Zeit hat, ſich an Stämmen, Zweigen und an der Blattoberfläche wieder zu verdichten. Jeder Wanderer und Fahrer hat ſchon oft geſehen, daß derſelbe Weg im Felde abgetrocknet und im Waldesſchutz noch naß war. Das für den Wald günſtige Verdunſtungsverhältnis:

Feld . . . . . . 100 Teile

Wald . . . . . 47 „

iſt oben ſchon erwähnt.

Der nackte Boden verdunſtet nach Ebermayer und Wollny 6, 4 mal mehr als der ſtreubedeckte Waldboden.

Ganz beſonders auffällig iſt die Wirkung des Waldſchirmes im Frühjahr. Während freie Flächen ſchon vom Schnee entblößt ſind, liegt die weiße Decke im Walde noch lange trotz der eingetretenen Schmelze, ermäßigt ſo das Anſchwellen der Flüſſe und ſorgt weit in das Frühjahr hinein für ihre nachhaltigere Speiſung.

Der hart gefrorene Boden des freien Feldes nimmt überhaupt kein Waſſer mehr auf. Im Walde unter Kronenſchirm und Streudecke friert der geſchützte Boden viel ſpäter hart, bleibt alſo längere Zeit waſſeraufnahmefähig.

Vegetative Verdunſtung.

Daß der Wald merkwürdigerweiſe auch den Vorteil hat, weniger Waſſer auf vegetativem Wege zu verdunſten und weniger dauernd in der Pflanze aufzuſpeichern, iſt ebenfalls ſchon erwähnt.

Schutz gegen seitlichen Abfluß.

Auf dem Waldboden unter dem Kronenschirm unterscheiden wir eine lebende Bodendecke von Kräutern und Moosen, und eine tote, die aus den Abfällen der Bäume (Blättern, Nadeln, Knospenschuppen, Zweigen, Rinde) gebildet und kurzweg Waldstreu genannt wird.

Von der lebenden Bodendecke kommt den höheren Pflanzen: Gräsern, Kräutern und Sträuchern eine geringe Einwirkung auf die Festhaltung des Wassers zu, ihre Oberfläche ist im Vergleich zu der großen Fläche des Baumkronendaches zu geringfügig. Von den Moosen hörten wir, daß sie das 3—4 fache ihres Eigengewichts an Wasser in sich aufnehmen können. Diese Eigenschaft kommt freilich meist nicht ganz zur Geltung, da die Moose selten ganz trocken, sondern in der feuchten Waldluft mehr oder weniger wasserhaltig sind. Daß die Moose beim Beginn der Niederschläge zurückhaltend wirken können, muß zugegeben werden, doch hat dieser Bodenüberzug andere unangenehme Eigenschaften, die den Nutzen wieder aufheben.

Die tote Bodendecke besteht vorwiegend aus Blättern oder Nadeln, oder aus einem Gemisch von beiden. Wenn ihre Einwirkung auf die Verzögernng des Wasserabflusses groß sein soll, muß ihre Durchlässigkeit groß sein. Ney führt S. 41 Untersuchungen von Wollny an, die leider lückig sind, aber das immerhin befremdende Ergebnis haben, daß die Fichtennadeln durchlässiger seien als Eichen= und Buchenlaub, während das Moos entsprechend geringer durchlässig ist. Vermutlich sind diese Versuche in Gefäßen, die horizontal gestellt waren, ausgeführt, so daß sie auf geneigte Flächen nicht ohne weiteres anwendbar sind; wahrscheinlich befanden sich die Fichtennadeln auch in einer Anordnung, die von der Lagerung im freien Walde abweicht. Bestätigt wird die sich nahezu gleichbleibende Durchlässigkeit der Fichtennadeldecke durch den Versuch von Riegler (Ney S. 37), wonach beim schnellen und langsamen Begießen 425 und 427 g von je 500 g Wasser am ersten Tage durch Fichten= streu durchsickerten, während beim langsamen Begießen (Zerstäuben) die Buchenstreu $6\frac{1}{2}$ mal, das Sumpfmoos 3 mal mehr Wasser in sich aufnahm als beim schnellen Begießen.

Ich nenne das Ergebnis befremdend, da ich in dem berüchtigt trockenen Jahre 1911 am 4. Oktober an einem mit 16 Proz. geneigten Hange (Distrikt 139, Oberförsterei Sieber) gelegentlich einer Pflanz= gartenanlage die 12 cm hohe Nadelschicht nur 0,5 cm tief angefeuchtet fand nach 7 Regentagen mit zusammen 42 mm Niederschlag; die 11½ cm starke untere Schicht war staubtrocken. Diese Beobachtung erfolgte nicht unter Schirm, sondern auf frei gehauener Fläche! Der Unterschied gegen die Untersuchungen der Gelehrten ist nur zu erklären, wenn man annimmt, daß die für Wasser sehr starke Neigung des Hanges den Abfluß zu schnell förderte, so daß zum tieferen Eindringen in die Fichtenstreu keine Zeit blieb. Ney spricht es S. 68 auch aus, daß die toten Nadeln klein genug sind, um selbst von dünnen Wasserfäden weggeführt zu werden, und daß „sekundäre" Hindernisse wie zwischengelagertes Reisig notwendig sind, um ihnen Halt und dem Wasser Zeit zum Eindringen zu geben. Dagegen vermögen die Buchenblätter mit ihrer großen Adhäsionsfläche und ihrer nach der Benetzung (schon nach Nebel) eintretenden Schmiegsamkeit durch Zusammenkleben zu großen schweren „Kuchen" den Wasserabfluß allein zu verzögern.

Erregung von Niederschlägen.

Mancher Freund des Waldes hat vermutlich die Bedeutung der Waldbestände überschätzt, indem er ihnen die Vermehrung oder gar die Erregung von Niederschlägen und eine Einwirkung auf die Nachbarschaft zuschrieb.

Meitzen [1]) schreibt zwar in seinem offiziellen Werke: „Die Einwirkung des Waldes auf die Niederschlagsmenge beruht darauf, daß die durch oder über einen Wald hinstreichende, mit Wasserdampf erfüllte Luft durch die kältere Luft des Waldes relativ feuchter und ihrem Sättigungspunkte näher gebracht wird. Enthält in diesem Falle die Luft schon vor ihrem Eintritt in die Wirkungssphäre des Waldes relativ viel Wasserdampf, so wird sie durch den Einfluß des Waldes gesättigt und gezwungen, den kondensierten Dampf als Niederschlag abzugeben. Begünstigt wird diese Wirkung des Waldes noch durch die große Flächenausdehnung, die er in der Verästelung seiner Zweige und der vielfältigen Blattentwicklung darbietet. Hierdurch kommt der Wald mit der Luftströmung in engste Berührung und hemmt die untersten Luftschichten derselben in ihrer Bewegung. Es übt der Wald also einen ähnlichen Einfluß auf die Luftströmung wie das Gebirge, nur in geringerem Grade, aus. Im Zusammenhange hiermit steht, daß

---

[1]) Der Boden und die landwirtschaftlichen Verhältnisse des Preußischen Staates. Nach dem Gebietsumfange der Gegenwart 1894, von Professor Dr August Meitzen Band 5, S. 97.

im Herbst und Winter diese Wirkung des Waldes größer ist als im Frühling und Sommer. Außerdem wird die Waldluft durch die Transpiration der Blätter und Nadeln relativ feuchter und begünstigt die nächtliche Taubildung." Über die regenvermehrende Wirkung des Waldes ist man jedoch nach den Ergebnissen der vergleichenden Regenmessungen in Wald und Feld noch nicht zu einem sicheren Schlusse gekommen. Dagegen ist es klar, daß vom Nebel an der vervielfältigten Oberfläche des Waldes, auch an der Bodenstreu ein beträchtlicher Teil sich zu Wasser verdichtet, und daß bei Rauhreif ein viel erheblicherer Teil im Walde hängen bleibt als auf dem zur Zeit des Reifs gewöhnlich entblößten Felde. Die Messungen im Hagenauer Walde (Ney S. 6) von 1878—1890 bestätigen dies, da sie — im Bereich der Reintalnebel gelegen — durchschnittlich an Schneemenge 3,3 mm mehr im Walde als im Freien ergaben.

Durchlässigkeit des Bodens.

Die letzte Hauptbedingung für die Aufbewahrung des in den Boden eindringenden Wassers — des Sickerwassers — ist die gute Beschaffenheit des Bodens. Je tiefer der Boden gelockert ist, desto mächtiger wird der Vorratsspeicher für das Quellwasser.

Der unter der Streuschicht befindliche Waldboden zerfällt in zwei Zonen: in die untere ursprünglich vorhandene mineralische Erdschicht und in die obere, die organische Humusschicht.

Je nachdem die untere Schicht viele große Hohlräume hat, wie der grobkörnige Sand, wird sie leicht Wasser in den Untergrund eindringen lassen, wogegen Ton mit wenigen Hohlräumen Wasser sehr schwer eindringen läßt. Die Humusschicht, d. h. die Schicht, die aus der Zersetzung der Streu gebildet wird und somit das Zwischenglied zwischen Streudecke und mineralischem Boden darstellt, ist sehr reich an Hohlräumen und zwar an solchen, die wegen ihrer Enge kapillare Wirkung üben. Der reine Humus hat die größte Wasserkapazität (Wasserhaltungskraft), nach Wollny bis zu 74,59 Volumprozenten, der Ton bis zu 58,13, der grobe Quarzsand bis zu 28,52 herunter.

Im extensiven Forstbetriebe vermögen wir mit Maschinen nur wenig auf die Struktur des Untergrundes einzuwirken, während der Landwirt dies bis zu einem gewissen Grade durch Tiefkultur erreicht. Aber natürliche und sehr wichtige Gelegenheiten bieten sich dem Waldpfleger durch den Anbau von Tiefwurzlern. Größer ist die Möglichkeit unserer Einwirkung auf den Humus, auf diese dem

Walde eigentümlichste Wirtschaftsschicht. Der Humus ist das Universalmittel sowohl zur Bindung loser Erden wie zur Lockerung zu dichter Erden; Humus mindert die zu große Durchlässigkeit des groben Sandes und erhöht die des undurchlässigen reinen Tones. Das in den Boden einsickernde Wasser nimmt Kohlensäure aus der Humusschicht auf und ist nun als kohlensäurehaltiges Wasser besonders befähigt, die Mineralien im Untergrunde weiter zu lösen und so die Mächtigkeit der wasserfassenden Erdschicht zu vergrößern. Dazu bieten die Tiefwurzler nicht nur zu Lebzeiten Wasserleitungsstränge an der äußeren Wandung der Wurzeln dar, sondern hinterlassen nach dem Absterben noch ebensoviele humusgefüllte Hohlräume für die Wasser=aufnahme. So können wir mit richtiger Humuswirtschaft und richtiger Holzartenwahl Tiefkultur treiben, billig, kostenlos!

So viel ich weiß, sind mit den verschiedenen Humusarten noch keine eingehenden Versuche auf Wasserdurchlässigkeit angestellt. Was hier später in dem Abschnitt „Waldwirtschafsbetrieb" darüber mit=geteilt wird, beruht auf Beobachtungen in der freien Natur.

Rey. (S. 98 ff.) unterscheidet zum Schluß folgende Regenzonen:

1. Lagen unter 200 m Meereshöhe mit 628—638 mm durch=schnittlicher Regenhöhe.

Der Überschuß des vom Walde verbrauchten Wassers gegenüber der Landwirtschaft ist zu gering, als daß die Ver=nichtung des Waldes merkbare Folgen für die Quellwasser=lieferung haben würde; auf stark durchlässigen Böden, die allein in dieser Lage Quellen bilden können, und auf denen der Wasserverbrauch der (wegen des trockenen Bodens) dürftigen Ackerpflanzen geringer ist als der des Waldes, kann die Aus=stockung des Waldes sogar eine Verstärkung des Wasser=gehaltes der Quellen bewirken.

2. Lagen zwischen 200—400 m.

Sie haben zwar eine um 100 mm größere Niederschlags=höhe, die größere Regenmenge kommt aber nicht so zur Wirkung für die Quellenspeisung, weil in dieser Höhenlage durch die größere Windstärke und durch die größere Trockenheit der Luft eine größere Menge Wasser verdunstet wird.

In ebener Lage kann wie bei 1. auf sehr durchlässigem Boden der Wald unbedenklich verschwinden; auf undurchlässigem

Boden, dessen Waldbestand nachweisbar Quellen speist, ist das Verbot der Waldausstockung gerechtfertigt.

Auf den geneigten Flächen aber, die in diesem Gebiete häufiger, ausgedehnter und steiler sind, gefährdet die Ausstockung des Waldes. den Fortbestand der Quellen.

Streuentnahme und Großkahlschlagwirtschaft ist zu vermeiden.

3. Lagen zwischen 400—600 m.

Der Waldbau ist hier in der Regel vorteilhafter als der Feldbau; der üppigere Wald verbraucht hier aber mehr Wasser als die geringer entwickelten Feldgewächse. Die Ausstockung des Waldes ist daher auch noch in dieser Höhenlage auf ebenen Flächen mit durchlässigem Boden unschädlich.

Auf den in dieser Zone besonders stark vertretenen Steilhängen ist die Waldrodung und die Streuentnahme unbedingt zu verbieten.

Die Lage zwischen 600—800 m ist nicht besonders erwähnt. Der Feldbau ist wegen der Rauheit des Klimas nicht mehr anwendbar, an seine Stelle tritt höchstens der Wiesenbau auf ebenen Flächen. Die Steilhänge dürfen nicht vom Walde entblößt werden.

4. Lagen über 800 m Meereshöhe.

Die Niederschlagshöhe wird immer größer, die Nutzungsart immer nebensächlicher — aber nur auf ebenen Flächen. An den Steilhängen ist die Waldrodung unbedingt schädlich nicht nur wegen des Wasserhaushalts für Quellen und Bäche, sondern auch zur Verhinderung der Hochwassergefahr. Ein Waldrodungsverbot hätte sich hiernach auf alle Steilhänge zu beschränken und nur auf solche Ebenen mittlerer und tieferer Lagen, deren undurchlässiger (toniger, lehmiger) Boden nachweisbar Quellen speist.

Wenn wir bei Ney S. 79 lesen, daß von der durchschnittlichen Regenhöhe Deutschlands von 850 mm auf geneigter Fläche durchschnittlich als Sickerwasser verbleiben

im streubedeckten Walde . . . . . 47 Proz.

im streulosen Walde . . . . . . 29 „

auf nacktem Boden . . . . . . 30 „

so erkennen wir die Bedeutung des Waldes auf die Wasserhaltung

und die Bedeutung des richtig bewirtschafteten Waldes, da der streu=
lose Waldboden den nackten Ödlandsboden an Schädlichkeit sogar noch
überbietet.

Das Ödland.

Selbst wenn der Wald und sein in gutem Zustande befindlicher
Boden nicht so günstig auf die Zurückhaltung des Sickerwassers im
geneigten Gelände wirkte, wie dies durch die langjährigen Versuche
der deutschen Gelehrten erwiesen ist, dann würde der eine Vorteil
schon genügen, nm die Walderhaltung zur bringenden Aufgabe zu
machen, der Vorteil, daß durch den Wald auf Berghängen die frucht=
bare Bodenkrumme erhalten bleibt und mit ihr hochwertige
Kulturflächen, die nach Vernichtung des Waldes zu jeder anderen
Kulturart untauglich werden.

Mit dem gegenwärtigen Schutze der vorhandenen fruchtbaren
Krume ist die günstige Tätigkeit des Waldes, wie wir eben sahen,
nicht erschöpft: Während die Krume des waldfreien Bodens ohne
kostspielige Bearbeitung verflacht, muß die Krume des gut be=
handelten Waldbodens langsam aber sicher und ohne Kosten an
Mächtigkeit zunehmen.

Der streulose Waldboden steht den Kahlflächen bezüglich der
Abflußmenge gleich, würde aber immer noch einigen Halt durch die
Wurzeln der Waldbäume haben.

Wird der Wald auf steilen Hängen vernichtet, so wollen wir
annehmen, daß dies nicht leichtfertig geschehe, sondern daß der Wald=
besitzer den Boden anders und höher nutzen zu können glaubt. Es
bleibt ihm nur die Wahl zwischen Acker, Wiese oder Weide. Die
Umwandlung in Acker muß ausgeschlossen sein, da der jährlich mehr
als einmal umgebrochene Boden — soweit das Pflügen an Hängen
überhaupt möglich ist — der Abschwemmung am stärksten ausgesetzt
sein würde. Die Wiese verbraucht 2 bis 2½ mal so viel Vegetations=
wasser wie die Waldbestände und ist deshalb überhaupt wasser=
wirtschaftlich weniger erwünscht; außerdem würden auf der ungeschützten
Wiesenfläche durch Auffrieren Bodenlockerungen entstehen, die ge=
legentlich plötzlich auftretender Schneeschmelzen oder bei starken Regen=
fällen zum Beginne der „Denudation" des Bodens Anlaß geben. Viel
schlimmer würde das noch bei der Weidenutzung sein, da der Tritt

des Viehs unzählige Angriffspunkte für die Wegführung des Bodens durch Wasser liefern würde.

Der Anfang der Denudation braucht nicht groß zu sein; die ersten Bodenwegführungen und Risse enstehen unten am steilen Hange, wo das gesammelte Wasser die größte Kraft entfaltet; die Verlängerung der Wasserrisse geht rückwärts, d. h. von unten nach oben, indem immer mehr Boden am steilen unterwaschenen Wasserrißrande nachstürzt. Dieser Vorgang ist für alpine Regionen von Dr. Braun beschrieben[1]); zahlreiche Beispiele im Gebiete der Deutschen Mittelgebirge bezeugen die Richtigkeit dieser Darstellung.

Welches Verderben aus der schlechten Behandlung des Waldes oder gar seiner Vernichtung droht, dafür bietet der österreichische Karst das klassische Beispiel[2]). Dort finden wir auf ehemals mit Wald gut bestocktem Gebiete jetzt die trostloseste Einöde, deren der fruchtbaren Krume beraubter Boden kaum noch den Anforderungen einer ärmlichen Ziegenwirtschaft genügt. Und das auf 363 Quadratmeilen oder über 2 Millionen Hektar!

Die Häufigkeit der schlesischen Hochwasser hängt sicher mit der Entwaldung zusammen. So ist der Glatzer Kessel vor absehbarer Zeit noch fast zu 66 Proz. bewaldet gewesen[3]); heute sind es nur noch 33,7 Proz. Für Schlesien hat denn auch der Staat schon gesorgt u. a. durch Gesetz vom 16. September 1899 (G.-S. 169), nach dem in den Quellgebieten das Roden von Holzungen sowie das Entwässern, Beackern oder Beweiden der Grundstücke von der Genehmigung einer vom Regierungspräsidenten berufenen Kommission abhängig gemacht wird.

Der Einwurf, daß der Wald doch nicht alle Hochwasser verhindern könne, ist nicht erschöpfend. Es ist klar, daß auch die geräumigste und für die Wasseraufnahme günstigste Bodenschicht endlich einmal gesättigt sein kann und dann unerwünscht große Wassermengen abgibt. Auch Ramann (Bodenkunde S. 110) sagt: „Der Wald versagt bei außergewöhnlichen Niederschlägen"; vorher aber: „in der

---

[1]) „Über Bodenbewegungen". Von Dr. Gustav Braun, aus dem XI. Jahresbericht der geographischen Gesellschaft zu Greifswald 1908. Verlag der geographischen Gesellschaft.

[2]) „Das europäische Ödland". Von Dr. Richard Grieb. Verlag J. D. Sauerländer, Frankfurt a. M. 1898.

[3]) Abhandlung von Heinrich Reißner in der Zeitschrift für Gewässerkunde, herausgegeben von Dr. H. Gravelius in Dresden. IX. Band, I. Heft.

Verlangsamung des Wasserabflusses und der Bindung der Bodenteile
ist die hauptsächlichste Wirkung des Waldes gegen Wasserschäden zu
suchen".

Man wird also dem von Meitzen (a. a. O. S. 298) ausgesprochenen
Satze zustimmen können: „Ohne den Schutz der Waldungen sind alle
geneigten Lagen, besonders die Abhänge der Gebirge der Auswaschung
je nach der Stärke der Neigung und der Zusammensetzung des Gesteins
in hohem Grade ausgesetzt, da sie ohne Waldbestockung den ungehindert
und mit großer Gewalt herunterstürzenden Wildbächen nicht wider=
stehen können".

Auf allen stark geneigten Lagen muß der Wald als „Schutz=
wald" angesehen und behandelt werden. Als Schutzwald im aktiven
und passiven Sinne:

aktiv: Der Wald an steilen Hängen schützt das zugehörige Flußgebiet
vor schädlichen Wasserschwankungen und Geröllüberschüttungen,
und schützt den eigenen Standort gegen Bodenraub und nach=
folgende Verminderung des Bodenwertes, kurz gegen Verödung;

passiv: Der Wald an steilen Hängen bedarf des gesetzlichen
Schutzes gegen Verwüstung oder auch nur unwirtschaft=
liche Behandlung.

Schon die Erhaltung der Bodenkrume als des werterzeugenden
Faktors macht klar, daß das wirtschaftliche Interesse des Wald=
besitzers sich deckt mit den Forderungen der allgemeinen
Landeskultur.

Das gilt für bereits oder noch vorhandenen Wald an Berg=
hängen.

Ödland.

Der kahlen Hänge und Hochlagen, die weder zu Acker noch zu
Wiese taugen, haben wir im engeren Vaterlande mehr, als man
gewöhnlich annimmt. Die meisten von diesen Flächen geringsten Er=
trages werden gewöhnlich nicht zu dem eigentlichen Ödlande gerechnet.

Das eigentliche Ödland würde sich kennzeichnen als Boden, der
durch keine irgendwie geartete auf Pflanzenerzeugung gerichtete
Bewirtschaftung seinen Mann ernährt. Davon gibt es glücklicherweise
wenig. Man muß aber auch die Böden zum Ödlande rechnen, die
durch Vernachlässigung oder schädliche Nutzung verdorben sind: ver=
ödete Böden, die durch eine veränderte Nutzungsweise genügende
Erträge bringen könnten.

Eigentliches Ödland ist von Natur da, verödetes Land ist der schwerste Vorwurf für Menschenwirtschaft.

Wenn darüber Einigkeit herrscht, daß dieselbe Fläche für die Ackernutzung als Ödland, für die Waldnutzung als hochwertiger Boden gelten kann (sogenannter „unbedingter Waldboden"), dann muß auch zugegeben werden, daß die höchsten Kulturerträge in einem Lande nur dann erzielt werden, wenn jeder Boden seiner richtigen Nutzungsart zugeführt ist. Richtig ist die Nutzungsart nur, wenn sie gute Erträge dauernd liefert und wenn sie dauernd ohne Schaden für andere wichtige Erwerbsinteressen betrieben werden kann.

Danach muß man in einem sozial und kulturell hoch entwickelten Staate fordern

> eine derartige Verteilung von Acker (Wiesen), Wald und Wasser, daß nicht nur die höchsten Erträge an Rohstoffen und Geld nachhaltig gesichert sind, sondern daß die gewählte Kulturart auch allen Rücksichten auf das allgemeine Landeskultur= und Erwerbsinteresse entspricht![1]

Es finden sich sogar in der forstlichen Literatur mancherlei Aussprüche, die den Wald herabsetzen, so: „Der Wald ist des Menschen Feind". „Holz kann man nicht essen". „Die Vernichtung des Waldes ist der Beginn jeder Kultur". Man hat es denn auch als eine besonders hohe Kulturtat angesehen, wenn man den Boden entwaldete und eßbare Früchte darauf zog. An vielen Orten dauerte das nicht lange. In der nordostdeutschen Tiefebene hat man nach kurzem Feldfruchtgenuß an Stelle des einst den Boden bindenden Waldes jetzt Flugsandfelder, die nicht nur selbst ertraglos geworden sind, sondern auch den fruchtbaren Nachbarboden durch Übersandung gefährden, und deren Wiederaufforstung unverhältnismäßig große Kosten verursacht.

Doch bleiben wir im Gebirge!

Wir haben leider auch im Gebirge der Beispiele von vermeidbarer Bodenverödung genug. In den Vogesen, auf der Eifel, im Taunus und Untertaunus, in den thüringischen Kalkbergen liegt noch eine Masse Ödland.

Es ist mir nicht möglich gewesen, eine Zusammenstellung der Gebirgsödländereien Deutschlands oder Preußens zu finden; ich

---

[1] Vgl. auch „Die ökonomische Verteilung und Benutzung von Boden und Wasser". Von Friedrich Wilhelm Toussaint, technischer Referent für allgemeine Landeskultur im Ministerium für Elsaß-Lothringen. Verlag von Julius Springer, Berlin 1882.

glaube, es gibt keine; und wenn eine vorhanden sein sollte, ist sie
schwerlich richtig, dazu war und ist noch der Begriff „Ödland" zu
wenig fest umschrieben. Wenn wir nach den bisherigen Darstellungen
den durch die wirtschaftlichen Eingriffe des Menschen verdorbenen,
einer ertragreicheren Behandlung aber fähigen Boden mit zum Öd=
lande rechnen, dann sind auch die Meitzenschen Angaben viel zu
niedrig. Meitzen gibt in Band V, S. 52—53 in Tabelle B für den
Regierungsbezirk Wiesbaden folgende Flächen an:

Weiden	Holz	Ödland	Unland
22 912 ha	232 329 ha	821 ha	116 ha
mit 1 T.	3 T.	0,3 T.	Reinertrag

für den Untertaunuskreis

Weiden	Holz	Ödland	Unland
1531 ha	31 486 ha	12,3 ha	4,7 ha
mit je 0,6 T.	2,7 T.	0,1 T.	Reinertrag

Als ich von 1891—1898 die Königliche Oberförsterei Erlenhof
im Untertaunuskreise zu verwalten hatte, fanden sich um die
hochgelegenen Dörfer und ihre Feldmark herum — zwischen Feld und
Wald — in den meisten Fällen breitere und schmalere Streifen stark
verwahrlosten Bodens; meist waren es die Kanten, da wo die Hoch=
ebenen in die steilen Hänge übergehen.

Diese Streifen, wenig mit Wacholder, Besenpfriem, mehr mit
Heide bestanden, sollten zur Schafweide dienen, erfüllten diesen Zweck
aber so wenig, daß die dem Wirtschaftswalde zunächst gelegenen
Flächen mit Nadelholzanflug (Fichte, Kiefer, Lärche) sich bedeckten und
auf natürlichem Wege zu leidlichen Waldbeständen ansetzten. Diese
Flächen mit dünner Bodenkrume und geringem Pflanzenwuchs werden
dort „Triescher" genannt und wurden zeitweilig im Raubbau zur
Feldkultur verwendet; d. h. wenn sich in Jahrzehnten mit Mühe und
Not eine dünne Bodennarbe gebildet hatte, wurde sie flach abgehackt,
zu Asche verbrannt und als Dünger benutzt für eine einmalige
Roggenernte. Diese in der Bodenkrume immer mehr verflachenden
„Triescher" — richtiger Ödländer — wurden ebenso elend bewirt=
schaftet wie von den Gemeinden fest unter eigenem Bestimmungsrecht
gehalten. Es waren ja Weideflächen, die zwar kein Schaf er=
nährten, über die der Forstbeamte aber kein Aufsichtsrecht hatte.
Damals konnte man annehmen, daß jede kümmerliche Kulturfläche,
die bei der Bonitierung nicht anders untergebracht werden konnte,
in die Spalte „Weiden" verwiesen worden war. Weide ist ein

gebuldiger Begriff: es gibt fette und magere Weiden. Neben den „mageren Weiden" grünte der unter Staatsaufsicht stehende frische Gemeindewald!

Die Aufgabe, die Gemeindeödländereien einer geordneten und ergiebigeren Wirtschaft zuzuführen, mußte reizen. Die auf dies Ziel gerichtete Arbeit bestand fast allein darin, den Widerstand der Gemeinden durch sachliche und vorsichtige Vorstellungen zu besiegen, wobei man nicht immer die Unterstützung der nächsten allgemeinen Landesbehörde fand. Beharrlichkeit führte auch hier zum Ziele. Statt vieler Beispiele aus dem Reviere Erlenhof nur dies eine:

Die Gemeinde Springen im Kreise Untertaunus verfügte über eine genügende Feldmark, einen nicht unbedeutenden Waldbesitz, außerdem noch über etwa 87 ha Triescher oder vielmehr Ödländer, und zahlte bis z. J. 1895 250 Proz. Kommunalsteuern. Nach unendlicher Mühe gelang es, die Gemeinde zu bewegen, daß sie 78 ha der Ödländereien dem „Aufsichtswalde" zulegte. Für die Aufforstung der kahlen Flächen wurde Staatszuschuß erwirkt; für die Vermehrung des waldbestandenen Bodens wurde durch unentgeltliche Betriebsregelung ein verstärkter Einschlag im Altholze versprochen und erwirkt. Die greifbare Folge war, daß trotz kostspieliger Wegebauten (12 000 M.) und Hochbauten (Lehrerwohnung, Backhaus, Spritzenhaus 34 000 M.) jetzt nur 70 Proz. Gemeindesteuern gehoben werden, und daß die früher rückständige Gemeinde zu den wohlhabendsten des Kreises gehört.

Im Reviere Erlenhof wurden auf diese Weise dem ertragreichen Walde im ganzen 247 ha zurückerobert, die, damals meist mit Fichten aufgeforstet, heute als wüchsige Dickungen den Stolz und die Hoffnung von fünf Gemeinden bilden. Daß solche Aufforstungen auch allgemein volkswirtschaftlich geboten sind, geht daraus hervor, daß wir an Nutzholz in immer steigender Menge — jetzt jährlich für über 300 Millionen Mark vom Auslande mehr beziehen als ausführen! Wo bleiben aber die Meitzenschen Angaben mit 12,3 ha Ödland für den ganzen Kreis?

In der Eifel liegen die Verhältnisse viel ungünstiger. Dort sind es nicht Gemeinden, sondern arg zersplitterter Einzelbesitz, der die richtige Wirtschaft noch mehr erschwert und vereitelt. Der Hochwassersturz vom 13. Juni 1910 im oberen Ahrtale erschien lehrreich und führte mich im Oktober 1910 nach Adenau. Unter kundiger Führung wurde zuerst die „hohe Acht" besucht. Ein zugleich beruhi-

gendes und störendes Bild zeigt sich dort: Der Staatswald treu
gepflegt, holzmassenreich, in guter Bodenkultur; hart an seiner
Grenze der in Privatbesitz befindliche Wald, locker geschlossen,
struppig, mit großen Lücken, die verödet sind; und weiter rechts
von der Nürburg um die Dörfer herum die Bergköpfe und Rücken
mit geringen Waldresten und vielen öden Ländereien. Es ist be=
zeichnend, daß dort nördlich der Nürburg bei den Dörfern Hersch=
broich, Quiddelbach und Barweiler die Hauptflut herunterging.
Wer sollte sich vermessen zu behaupten, daß er allein durch die Be=
waldung die Katastrophe hätte zurückhalten können? aber wer will
auch bestreiten, daß die kahle harte Ödfläche die niederstürzenden
Regenmassen unbehinderter und schneller abfließen ließ? und daß die
fruchtbare Erdkrume noch mehr vermindert wurde? Grieb, „Das
europäische Ödland", führt S. 46 an, daß im Gebiete der Abda die
Überschwemmungen nach der Entwaldung immer häufiger wieder=
kehrten. Der Durchschnitt des Intervalls zwischen zwei Über=
schwemmungen betrug

58 Monate i. d. Jahren 1792—1821 vor der Entwaldung,

44 Monate i. d. Jahren 1821—1838 Beginn der Entwaldung,

20 Monate i. d. Jahren 1838—1863 Vollendung der Entwaldung.

Es ist ein beruhigendes Gefühl zu wissen, daß die Revierverwalter
in der Eifel keine Mühe scheuen, solche privaten Ödländer in den
Staatsbesitz zurückzukaufen; sie werden dazu durch die Staatsforst=
verwaltung in Stand gesetzt, die ganz im Gegensatz zu den in der
Presse beliebten Vorwürfen die höchste Anerkennung dafür verdient,
daß sie die aus dem Verkaufe von großstadtumgürtenden Wäldern
erzielten Summen zur Rückgewinnung von brauchbarem Waldland
verwendet. Sollte man nicht bei der zunehmenden Verbauung des
fruchtbaren Bodens mit Gebäuden, Eisenbahnen, Straßen usw. ge=
radezu geizen mit dem vom Verkehr abgelegenen, durch Waldbau
sehr hoher Ertragsteigerung fähigen Boden, der einer zahl=
reicheren Bevölkerung gesunde Arbeit bietet?

Werden wasserwirtschaftlich günstige Wirkungen des bewaldeten
Bodens gegenüber dem harten Ödland anerkannt, dann geht diese
Art der Zurückgewinnung solcher unverantwortlich räuberisch be=
handelten Flächen aber viel zu langsam. In Adenau wurde mir
von meinem forstlichen Führer erzählt, daß man wegen Ankaufs einer
etwa 300 Morgen großen verödeten Fläche in Unterhandlung stehe;
von den zahlreichen Besitzern „wollten einige nur noch nicht"; wenn

der Ankauf zustande käme, müßte der Oberförster mit 120 Besitzern
zum Grundbuchamte pilgern, der Auflassung wegen. Sollen wir
wirklich darauf warten, bis jeder Kleinbesitzer für den Verkauf ge=
wonnen ist? das kann noch 100 Jahre dauern; oder soll der Erfolg
abhängen von der größeren oder geringeren Rührigkeit und Geschick=
lichkeit des jeweiligen Revierverwalters? Es ist mit Sicherheit vor=
auszusehen, daß der „Ödbauer" mit der Zeit lernen wird, für das
vom Forstbeamten begehrte Ödland höhere Geldforderungen zu stellen,
so hohe, daß zwar der rentable Erfolg der Waldkultur vielleicht
noch nicht zweifelhaft wird, daß der Kaufpreis aber ausartet in eine
Prämie für nachlässige Wirtschaft.

Daß wir auch noch in anderen Gegenden einen unglaublich zer=
splitterten Waldbesitz haben, möge die beigefügte Zeichnung von einem
Teile der „Windehäuser Hölzer" beweisen:

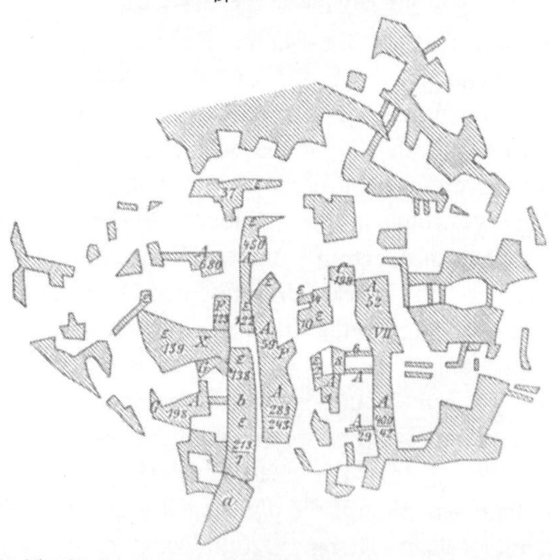

Die schraffiert angelegten Flächen stehen unter Staatsaufsicht,
die dazwischen liegenden weißen Flächen sind Privatwald.

Was da auf der Karte schraffiert angelegt ist, stellt den Aufsichts=
wald dar, der der Verwaltung des Königlichen Oberförsters in Ilfeld
und der Oberaufsicht der Königlichen Regierung in Hildesheim

untersteht. Die Parzellen sind beinah so groß, daß man die Buch=
staben und Nummern einschreiben kann; die dazwischen liegenden — weiß
gelassenen — Flächen sind Privatwald in unabhängiger Benutzung!

Was da an Zeit und Arbeitskraft nur mit der Behütuug der
Grenzen, und was an Zuwachs durch Verschattung verloren geht,
steht in keinem Verhältnis zur Wahrung der Herrenwürde des Einzel=
besitzers. Wie viel billiger und ertragreicher würde die Wirtschaft
werden, wenn sich der zersplitterte Waldbesitz in einer Hand befände!

Unsere Staatsregierung steht auf dem hohen Standpunkte, daß
nicht alles erwerbbare Forstland in den Staatsbesitz übergehen müsse,
sondern daß der gleiche Erfolg für die Volkswirtschaft erzielt werde,
wenn die Gemeinden durch gute Bodenwirtschaft reicher und dadurch
steuerkräftiger werden. Die Gewährleistung einer vorzüglichen Boden=
wirtschaft — unter Staatsaufsicht wie in den Hessen=Nassauischen
Gemeindeforsten — wäre aber auch die unerläßliche Bedingung
für den Übergang der Ödländer in Gemeindebesitz.

Ja aber die Rechtsfrage! Mir ist bis jetzt kein noch so eifriger
Verfechter naturgemäßer Bodenwirtschaft bekannt, der nicht einen
vorsichtigen — und daher langsamen — Übergang zur besseren
Wirtschaft empfohlen hätte.

In unserer Zeit des immer mehr erleichterten Güterverkehrs gibt
es keine abgelegenen Ortschaften mehr, die Hunger leiden würden,
wenn man ihnen kümmerliche Raubwirtschaft verbietet und rentable
Wirtschaft aufzwingt. Für die Übergangszeiten wäre vielleicht hie
und da eine Unterstützung nötig, deren Gewährung durch die Hebung
der allgemeinen Landeskultur gerechtfertigt ist.

Hier müssen die gesetzgebenden Körper schleunigst Wandel schaffen,
und keine Gelegenheit ist günstiger als die demnächstige Durchberatung
des neuen Wassergesetzes; höchstens wäre noch zu wünschen, daß alle
Deutschen Bundesstaaten ähnliche Wasserschutzbestimmungen treffen,
da sich die Flüsse nicht an die Landesgrenzen kehren.

Waldwirtschaftsbetrieb.

Haben wir die zu anderen Betrieben untauglichen Ödländereien
aufgeforstet, so sind wir einen großen Schritt vorwärts gekommen.
Aber es ist nicht genug, überhaupt Wald an den Berghängen und
auf den quellenschützenden Hochebenen zu haben, sondern es ist nötig,
Wald in der richtigen Weise dort zu bewirtschaften.

Holzarten.

Im allgemeinen kann man die Nadelhölzer als ausschließliche Vorfrucht, als alleiniges erstes Anbaumittel für das Ödland im Großen bezeichnen. Einzelne Ausnahmen mit Weißerle oder gar Buche (Northeim in Hannover) kommen vor.

Nadelholz.

Das Nadelholz — im wesentlichen Fichte und Kiefer — darf nicht für alle Zukunft alleiniges Wirtschaftsziel bleiben.

Kiefer.

Die Klagen aus der nordwestdeutschen Heide über das Zurückgehen, ja über das vollständige Versagen der Kiefer in reinen Beständen sind genügend bekannt[1]); sie sind auch so anerkannt, daß von der höchsten Verwaltungsstelle bereits Mittel zur Abhilfe genehmigt sind.

Der natürliche Abfall der Kiefernkronen — die Nadeln — ist schwerer verwesbar als Laub; die lichte Stellung der Bäume und ihr dünner Kronenschirm fördert schädlichen Bodenüberzug: Heidelbeere, Heide; unter dem dichten Wurzelgeflecht dieser Unkräuter häuft sich unter Luftabschluß eine für die Wasserfiltration ungünstige Rohhumus- oder Trockentorfschicht; das an Humussäuren zu stark bereicherte Wasser löst und entführt die wichtigsten mineralischen Nährstoffe aus der Bodenoberschicht; nicht genug mit dieser Verarmung: im nahen für die Bewurzelung wichtigen Untergrunde bildet sich aus Humusstoffen und Mineralien eine verkittete steinharte Schicht, der Ortstein, der die Kiefernnachzucht selbst dort in Frage stellt, wo historisch nachweisbar noch vor 200 Jahren Eichen und Buchen grünten. Man hat bis vor kurzem angenommen, daß diese Ortsteinbildung nur im Flachlande, wo das Wasser leichter stagniert und versäuert, vor sich gehe; leider wird der Ortstein auch im Gebirge nachgewiesen, teils im Buntsandstein als fertiges Gebilde, teils auch in älteren geologischen Formationen zunächst als Orterde.

Fichte.

In wasserwirtschaftlicher Hinsicht haben die Wälder der Ebene keine so hohe Bedeutung; der „Brotbaum" der Ebene — die

---

[1]) „Die nordwestdeutsche Heide in forstlicher Beziehung." Von F. Erdmann, Forstmeister in Neubruchhausen. Verlag von Julius Springer, Berlin.

Kiefer — tritt bezüglich seiner Ausbreitung im Gebirge stark hinter der Fichte zurück. Wir haben es daher in den Waldquellgebieten unter den Nadelhölzern hauptsächlich mit der Fichte zu tun, die wegen ihres schnellen und hohen Nutzholzertrages sich einer solchen Beliebtheit erfreut, daß man sie als „Mädchen für alles" auch in Lagen gezwängt hat, die ihrem Feuchtigkeitsbedürfnis gar nicht mehr genügen.

Im allgemeinen wird man die Fichte in den Höhenlagen, die für die Quellenversorgung durch den Wald in Betracht kommen, also zwischen 400—800 m Meereshöhe und noch an den Steilhängen bis 200 m M.H. herunter als standortsgemäß bezeichnen können.

Wie verhält sich nun die Fichte in ihrem eigentlichen Verbreitungsgebiete waldbaulich? insbesondere, wie wirkt sie auf den Boden ein? Ihr starker Nadelabfall unterliegt auf kalkreichen Böden in nicht zu trockener Lage einer noch angemessenen Zersetzung, so daß der Boden eine Bereicherung an Nährstoffen erfährt. Je kalkärmer der Boden und je trockener die Gebirgslage ist, desto unvorteilhafter wird die Einwirkung der Fichtennadelstreu. Die Nadel mit festerer Oberhaut, mit starkem Gehalt an Harz und ätherischen Ölen zersetzt sich schwer; das bedingt eine dicke Bedeckung mit unverdaulichen Abfällen. Es kommt noch hinzu, daß die kurzen dünnen glatten Nadeln mit rhombischem Querschnitt sich dicht aneinander lagern, so daß Wasser nur schwer in solche Streuschicht eindringen kann. An steilen Hängen ordnen die Nadeln dem Wassertropfen folgend ihre Längsrichtung im Hauptgefälle an, so daß ein schnelles oberflächliches Abfließen des Niederschlagwassers wie auf einem Strohdache erfolgt. Auf trockener Nadelstreu läuft auch das Wasser bei starken Niederschlägen zunächst fast restlos ab — zur Steigerung der Hochwassergefahr. Nur bei langanhaltendem Regen und natürlich im Winter unter der Schneedecke sättigt sich die Nadelstreuschicht mit Feuchtigkeit. Wie viel mag sie an den Boden darunter abgeben? Dicht unter der Nadelschicht befindet sich eine meist schwarz gefärbte humose Schicht, die das Zersetzungsprodukt der untersten Streuschicht darstellt. In den Fichtenbeständen ist diese schwarze Schicht zumeist deutlich getrennt von dem unterlagernden mineralischen Boden.

Rohhumus.

Wir haben in der schwarzen Schicht ein torfartiges Produkt, das bei den Forstleuten als Rohhumus oder Trockentorf unrühmlich bekannt ist; Rohhumus oder saurer Humus hat dieselbe Eigenschaft wie die Nadelschicht, daß er trocken Wasser schwer aufnimmt, und die Eigenschaft des richtigen Torfs, daß er Wasser sehr schwer abgibt, deshalb gelangt aus dieser Schicht wenig Wasser in den unteren Boden.

Für die Waldpflege hat das den Erfolg, daß alle drei Faktoren, die zu ihrer Förderung und namentlich zur schnellen Zersetzung des Streuabfalles gehören, außerordentlich übel beeinflußt werden, das sind: Feuchtigkeit, Luft und Wärme.

Feuchtigkeit steht nur bei starken Niederschlägen genügend zur Verfügung; die Zersetzung leidet unter Feuchtigkeitsschwankungen, namentlich wenn sie in so großen Zeiträumen auftreten wie in mehreren der letzten Sommer. Dazu wirkt noch die Beastung der Fichte, besonders des älteren Baumes verstärkend auf die Wasserabhaltung: ihre Äste senken sich vom Stamme abwärts, also daß das bei Niederschlägen in Krone und Zweigen aufgefangene Wasser wie bei einem „Regenschirm" nur an dem Außenrande der Krone abtropft. Gerade die wirksamen schwachen Niederschläge lassen den Boden unter dem Kronendache ganz trocken.

Die dicht lagernden Nadeln, die ihre Form weder bei Trocknis noch bei Nässe ändern, schließen auch die Luft sehr stark vom Boden ab. Ramann (Bodenkunde S. 24 u. 142) sagt: „Der Sauerstoff hat große Bedeutung für die Oxydation, also die Verwesung der organischen Körper" (Streu). „Es ist wahrscheinlich, daß Mangel an Sauerstoff großen Einfluß auf die Torfbildung unter Wasser hat."

Die Bodenwärme findet nicht nur durch die dichten Fichtenkronen keine hinreichende Zufuhr, sondern sie büßt durch die Streudecke noch an der vorhandenen ein. Fichtenstreu und die ihr unterlagernde Trockentorfschicht hält sich im Herbst und Frühjahr übermäßig feucht. Wasser leitet die Wärme besser als Luft, daher vermittelt die auflagernde nasse Schicht das Entweichen der Bodenwärme mehr als z. B. die lockere durch mehr Lufträume isolierte Laubstreu.

Hier wurde nach einem Schneefalle von 40 cm Höhe beobachtet, daß im unbelaubten Buchenbestande der Schnee 40 cm, im Fichten= bestande nach dem Herunterwehen des in den Kronen hängengebliebenen Teils nur 20 cm hoch lag. Auf dem ungefrorenen Boden im Spät= herbst taute der Schnee im Fichtenbestande von unten her unter Ver= brauch der vom Boden ausstrahlenden Wärme. Der Fichtenbestand geht also auch wenig haushälterisch mit seinem Vorrat an Boden= wärme um.

Moose.

Man nennt im allgemeinen den Fichtenboden kalt. Darum zeigt er auch eine so eintönige Flora: das erste, was sich an lebender Bodendecke einfindet, sind die Moose. Kleine Lichtungen, die sich in Laubhölzern mit einer tiefer wurzelnden Flora höher entwickelter Pflanzen schmücken, werden in Fichten von Moosen besiedelt, die nicht in den Boden eindringen, sondern obendrauf wachsen, den dichten Streuabschluß noch verstärkend und die Haltung des Wassers in der obersten Oberfläche noch mehr fördernd.

Ney legt der Verteilung und Zurückhaltung des Wassers durch die Moosstämmchen große Bedeutung bei; beim Beginn der Nieder= schläge mag das Moos etwas in dieser Richtung wirken, aber durch den Umstand, daß es durch seinen dichten Filz das Wasser nur schwer in den Boden eindringen läßt, wirkt es so abschließend wie Nadeln und Trockentorfschicht, und läßt alsbald den größten Teil des Wassers oberflächlich abfließen.

Francé[1]) sagt: „ohne Moose kann kein Wald auf die Dauer leben" und dann wieder: „die Moosdecke verdunstet fast ebensoviel Wasser, wie sie aufnimmt". Dagegen ist zu sagen: Der Wald ist keine Begleit= oder Folgeerscheinung der Moosflora, sondern die Moose gehören zu der Bodenflora des Waldes; sie sind angewiesen auf den Halbschatten, auf die Feuchtigkeit der Waldluft; sie sind so= gar ein schlechtes Zeichen für den Bodenzustand des Waldes, dem zu wenig Luft und zu viel Nässe zu Gebote steht. Im Freien, d. h. auf unseren Kahlschlägen, vergeht das Moos wieder, es kann bei un= gehindertem Lichteinfall und starker Bodenverdunstung den Wettbewerb mit den höheren Pflanzen: Fingerhut, Weidenröschen, Himbeeren, Gräsern nicht aushalten. Ein Glück für uns, daß diese Zwischen= flora auftritt, von der namentlich die Gräser Aira flexuosa (Draht= schmiele) und Molinia coerulea (Benthalm) den unverdaulichen Roh= humus in brauchbaren Moder (Ramann, Bodenkunde S. 207) um= arbeiten und so erst wieder den durch die Moose dumpf und sauer gemachten Boden für die Waldkultur vorbereiten.

In Süddeutschland nennt man die Moore auch „Moose", eine treffende Bezeichnung für den Vorgang, wie aus einer Moosvegetation eine regelrechte Vermoorung entstehen kann. Wo die Niederschläge

---

[1]) „Bilder aus dem Leben eines Waldes," S. 39 u. 71. Kosmos, Frankhsche Buchhandlung.

sehr bedeutend sind wie in unseren Mittelgebirgen, da sind die häufigsten Waldmoose Polytrichum, dicranum, hypnum die Vorläufer und Pioniere der schädlichen Wasser= oder Bleichmoosflora, die ohne den helfenden Eingriff des Menschen dem Walde — zuletzt auch der Fichte den Garaus macht.

Das aus Sphagnum entstandene — an die Stelle des verdrängten Waldes getretene — Hochmoor erfreute sich bisher der größten Beliebtheit als Wasserversorger der Flüsse in Trockenzeiten. Aus der Abhandlung von 1906[1]) und späteren Ausführungen[2]) wiederhole ich nur die Hauptsätze und =beobachtungen:

Das unangeschnittene Hochmoor ist bis auf die dünne vegetative Oberflächenschicht immer wassergesättigt, bis zu 95 Proz.

Bei starken Niederschlägen kann deshalb nur wenig Wasser aufgenommen werden; der weitaus größte Teil fließt ober= flächlich schnell ab und trägt zur Beschleunigung und Verschärfung der Hochwassergefahr am meisten bei.

In Trockenzeiten hält die Moorfaser das Wasser so fest, daß die vom Moor bergabführenden Wildbäche trocken sind. Selbst die auf dem nassen Moore stehenden Fichten und Kiefern vermögen nur wenig Feuchtigkeit zu entnehmen; sie kümmern, leiden an „physiologischer Trockenheit". Auch in den Unter= grund dringt kein Wasser. Das Wasser staut sich unter Torf= moosen an. Ramann Bodenkunde, S. 210. „Man kann sich dieses Verhalten durch die Annahme erklären, daß die tieferen Schichten des Sphagnetums (wohl auch die unteren Trocken= torfschichten von Polytrichum und Dicranum D. V.) für Luft und Wasser schwer durchlässig sind und dadurch nicht nur das Absickern des Wassers hindern, sondern zugleich als Verschluß für die kapillaren Röhren des Bodens wirken und nun der Luft= druck hinreicht, das Abfließen des Wassers nach der Tiefe zu verhindern."

Geringe Niederschläge laufen über dem Gebirgshochmoore ab und werden an seiner unteren Grenze zu neuem Sphag=

---

[1]) „Die Bedeutung der Hochmoore in der Königlichen Oberförsterei Sieber", Zeitschrift für Forst= und Jagdwesen 1906, 10. Heft, S 668 ff. Verlag von Julius Springer, Berlin.

[2]) Mitteilungen der Gesellschaft zur Förderung der Wasserwirtschaft im Harze zu Braunschweig.

numwachstum verbraucht, greifen dort weiter den Waldbestand
an und erhöhen doch nicht den Niedrigstand der Bäche.

So ist es klar, daß eine Regelung der Wasserstandsverhältnisse
im vermoorten und auch schon im anmoorigen Waldboden gleichzeitig
im Interesse der Forstwirtschaft wie der Wasserwirtschaft
liegt.

Das fertige Hochmoor ist das Extrem des verdorbenen
Waldbodens. Der anmoorige, d. h. der im entwässerten Zustande
mit einer unter 20 cm starken Moorschicht bedeckte Boden[1]), ist bereits sehr ungünstig für den Waldbau. Der mit Haftmoosen
bedeckte Waldboden bezeichnet ein Anfangsstadium des Rückganges,
der durch die Bodenverdichtung verzögernd auf den Baumwuchs, ver=
schlechternd auf das Klima, beschleunigend auf den raschen
Wasserablauf wirkt.

Wie ist da zu helfen? Sehr einfach und kostenlos durch die
Einmischung wasserwirtschaftlich günstiger Holzarten in die
Nadelholzbestände. Wo Eiche, Esche, Ahorn, Ulme gedeihen,
da ist für günstige Wasserführung gesorgt; wir dürfen uns aber
für die wasserwirtschaftliche Untersuchung an der einen Holzart
genügen lassen, deren Verbreitung durch das Klima nicht so be=
schränkt ist wie das der Eiche, die nicht so an Kalkgehalt des Bodens
gebunden ist wie Esche und Ahorn, die mit einem Worte im
Massenbetriebe bewirtschaftet wird. Das ist die Buche.

Im Deutschen Vaterlande nimmt die „eintönige" Kiefernheide
44¹/₂ Proz., der „unbelebte" Fichtenwald 20 Proz., die Buche 15¹/₂ Proz.
der waldbestandenen Fläche ein.

Buche.

Die Buche ist wasserwirtschaftlich der günstigste Baum des deutschen Waldes.

Entgegen der Fichte streckt die Buche, auch noch die bejahrte
Buche, ihre Äste in spitzem Winkel vom Stamme gen Himmel, da=
her sammelt sich das Wasser in der Buchenkrone an den Zweigen,
um in erheblicher Menge am Stamme herunterzurinnen und an den
Gleitflächen der Wurzeln tief in den Erdboden zu gelangen. Das

---

[1]) Dr. C. A Weber, „Die wichtigsten Humus= und Torfarten." Aus der
Festschrift: „Die Entwicklung der Moorkultur in den letzten 25 Jahren". Berlin, Verlag
von Paul Parey, 1908, S. 96.

ist der rechte Ort, wo das Wasser vor oberflächlicher Verdunstung geschützt länger aufbewahrt wird, um langsam und nachhaltig den Bächen zugeführtzuwerden. Ist die Fichte der „Regenschirm", der wenig von den Niederschlägen unter seinen Kronenschirm gelangen läßt, so ist die Buche der „Trichter", der jeden nicht gleich oben verdunstenden Wassertropfen tief in den Boden unter dem Bereiche seiner Krone gelangen läßt.

Dann die Laubstreu: Das große Buchenblatt hat eine durchschnittliche Länge von etwa 75 mm und eine Breite von 58 mm, eine durchschnittliche Blattfläche von 2000 qmm; die 1 mm breite Fichtennadel nur 14 qmm. Die breite Fläche des Buchenblattes deckt den Boden so günstig ab, daß alle Pflanzenmitbewerber, die an den Bodennährstoffen mitzehren, unterdrückt werden; selbst Moospolster kann man durch Buchenlaubdecke zum Verschwinden bringen.

Bei feuchter Witterung liegen die Buchenblätter glatt und meist dicht aufeinander, aber der gewellte Blattrand läßt doch die Wassertropfen von der Seite her eindringen, wozu gerade an steilen Hängen besondere Gelegenheit sich bietet. Bei eintretender Lufttrockenheit kräuselt sich albald das Buchenblatt, läßt in seiner nunmehr sehr lockeren Schichtung Luft massenhaft zum Boden gelangen, hindert dabei aber in der günstigsten Weise die Bodenverdunstung und die Wärmeausstrahlung. Die Zersetzung der Laubabfälle geht denn auch viel flotter vor sich als bei der Nadelstreu. Es ist bei der forstlichen Prüfung in der Bodenkunde heute eine häufige Frage: wie unterscheidet sich der Buchenhumus vom Fichtenhumus? die Antwort lautet: der Buchenhumus ist mild und geht mit allmählicher Abnahme der dunklen Färbung innig mit dem mineralischen Boden gemischt in größere Tiefen hinunter; der Fichtenhumus ist sauer und setzt sich in der Farbe deutlich vom mineralischen Boden ab. Unter dem gewöhnlichen Buchenbestande hat der Boden die erwünschte Krümelstruktur, im gewöhnlichen Fichtenbestande ist der Boden verdichtet und weniger wasserdurchlässig.

Wer die Verschiedenheit der Wasserhaltung in der obersten Schicht des Fichten= und Buchenbestandes selbst beobachten will, dem ist ein Spaziergang an steilen Waldhängen zu empfehlen; nicht zur Zeit der Sommerfrische, sondern im Winter bei Frost ohne Schneedecke: Am steilen Fichtenhange, besonders bergunter, ist die Wanderung recht anstrengend: der Fuß gleitet auf dem hartgefrorenen Moos= und Nadelboden, der ganz in der Oberfläche Wasser hält; an Buchen=

hängen versinkt der Fuß in lockerer Laubstreu und findet sicheren Halt.

Ein anderes Beispiel für den verschieden schnellen Abfluß aus Buchengebieten und von ungünstig verdichtetem Fichtenboden bot das Jahr 1911: Bis spät in den Herbst hinein dauerte der Wassermangel. Die Wasserleitungen aus dem Buchengebiete wurden stetig aber sehr langsam ergiebiger; oberflächlich floß auch nach stärkeren Regen (18 mm in einem halben Tage, am 17. November) in den natürlichen Rinnsalen sehr wenig ab: der lockere Buchenboden sättigte sich eben und rüstete sich zu wirtschaftlicher Wasserverteilung! An demselben 17. November 1911 wurde am Pegel des 11 m breiten Überfallwehres im Sieberfluß abgelesen:

17. 11. 1911 10 Uhr vormittags . . . 17 mm Höhe
2 „ nachmittags . . . 269 „ „
5 „ „ 180 „ „
18. 11. 12 Uhr mittags . . . . 41 „ „

Der Pegel befindet sich 10—12 km unter dem Ursprung der aus reinen Fichtengebieten kommenden Sieber. Wir haben noch schädlichere Wasserschwankungen erlebt, konnten aber jetzt erst mit Pegelablesungen dienen.

Der Fichtenwald wurde „unbelebt" genannt; damit meint man das Fehlen der befiederten Sänger. Das hängt indirekt mit dem Wasser zusammen. Man nennt die Buchenlaubstreu eine „tote" Bodendecke, aber unter ihr bewegt sich das regste Leben. Zahllose Lebewesen, von den kleinen Wurzelfüßlern bis zum größten Regenwurm, verarbeiten im Buchenbestande die in Zersetzung befindlichen Blätter, mischen den humosen mit den mineralischen Boden. Der Biologe ist geneigt, diese kleinen Arbeiter als die Hauptwerkzeuge einer gesunden Bodenzubereitung zu bezeichnen. In den reinen Fichtenbeständen ist das Kleinleben im Boden viel geringer; die großen Regenwürmer, die ihre Gänge sehr tief in den Boden hinein bohren, fehlen ganz; das kommt daher, weil nicht fortdauernt genügend Feuchtigkeit in den mineralischen Boden bringen kann. Der Mangel an Nahrung vertreibt die Vogelwelt!

Man hört von vielen Forstleuten die Tatsache aussprechen, das die Fichte den Boden ausraubt, die Buche den Boden verbessert. Buesgen[1] nennt sie die Nährmutter des Waldes! Wie kommt es

---

[1] „Der Deutsche Wald". Von Professor Dr. M. Buesgen. Naturwissenschaftliche Bibliothek für Jung und Alt. Leipzig, Verlag von Quelle & Meyer.

da, daß man an vielen Orten der Buche so rücksichtslos zu Leibe geht? daß man sie, die so vorzüglich auf natürlichem Wege kostenlos für Nachwuchs sorgt, kahl abtreibt und an ihre Stelle Fichten zwingt? Ramann (Bodenkunde, S. 466) begründet das mit den Worten: „Die ökonomischen Vorteile der Anzucht der Fichten haben dazu geführt, sie vielfach in reinen Beständen anzubauen; in allen Gebieten, die von Natur gemischte Laubhölzer tragen, stets mit schwerem Schäden für den Bodenzustand." In der Tat: der ökonomische Vorteil ist groß, die Fichte übertrifft im Geldertrag die Buche um das 3—4 fache wenigstens an den Orten, die nicht zu der 1. und 2. Buchengüteklasse gehören. Diese besten Buchenböden sind aber verhältnismäßig selten, deshalb darf man für die meisten Verhältnisse behaupten: der reine Buchenbestand ist in der Wirtschaft ein ebenso großer Fehler wie der reine Nadelholzbestand. Kein Landwirt ist so töricht, immerfort an einer Stelle Lupinen oder andere Gründüngungspflanzen zu ziehen, nur weil sie so prächtig Stickstoff sammeln, ebensowenig wird er immerfort durch Rübenbau die Vorräte im Acker ausnutzen. Der Landwirt hat seine „Fruchtfolge". Der Forstwirt ist schlimmer dran: unsere Fruchtfolge müßte sich in Perioden von mindestens 100 zu 100 Jahren bewegen. Soweit reicht keine Wirtschaftsüberlieferung und keine Bestimmungsmöglichkeit, ob dann noch die heute gängigsten Holzarten von der Industrie gefordert werden.

Können wir nun nicht zeitlich hintereinander den Fruchtwechsel haben, so nehmen wir ihn räumlich und zeitlich nebeneinander: wir kommen auf die natürlichste Weise zum Mischwalde!

Mischwald.

Die Vorzüge des Mischwaldes sind so oft gepriesen, daß man sie kaum zu nennen braucht:

größere Sicherheit gegen Sturmgefahr,

„   „   „ Insektenschäden,

„   Erträge an Masse

bessere Ausnutzung der verschieden tiefen

Bodenschichten,

„   Pflege des Bodens,

größere Beweglichkeit bei Holzartenwechsel,

„   Sicherheit der natürlichen Verjüngung,

„   Schönheit des Waldes!

Für unsere Quellgebiete kommt in erster Linie die Mischung von Fichte und Buche in Betracht. Die verschiedenen Losungen: „hie Buche!" „hie Fichte!" werden an vielen Orten noch zu hartnäckig festgehalten. In die meisten Buchenbestände, die nicht anderen edlen Laubhölzern (Eiche, Esche, Ahorn) geeigneten Standort bieten, muß die Fichte in viel reicherem Maße als bisher eingesprengt werden. Die Ministerial-Erlasse vom 4. Februar 1904, III F^I 174 und vom 18. Februar 1908 haben das deutlich genug angeordnet. Die Buche ist der Bodenschutzbaum, die Fichte der Ertragsbaum!

Dafür aber, daß die Buche immer weitere Gebiete in Mischung mit der Fichte einbüßen soll, ist es nötig, sie als den hervorragend bodenbessernden Baum mehr als bisher in die reinen Fichtengebiete wieder hinaufzudrängen.

Im Harze am Wurmberg geht die Buche noch bis 1000 m Höhe, am Bruchberg finde ich die letzte bei 800 m. In einer pflanzengeographischen Studie findet man die Meinung vertreten, die früher in höheren Lagen reichlicher vorkommende Buche sei durch geheimnisvolle, wenigstens jetzt noch nicht bekannte Naturkräfte bergab gedrängt. Nun zwei Kräfte, die erschöpfend scheinen, lassen sich schon nennen: die Verwilderung des Bodens durch Vertorfung und — die Art des Holzhauers. Eine Buche in 780 m Meereshöhe am Harzer Bruchberg fordert geradezu zum Studium ihrer Wirksamkeit auf: in einem 80 jährigen Fichtenbestande ist der Boden dicht überzogen von Haftmoosen und bereits mit Sphagnumpolstern; bei Regenwetter geht man da hörbar im Wasser: auf dem dunkelgrün-braunen Moosboden zieht den Forstmann eine leuchtend orangebraune Oase an: es ist der Streubereich einer Buche, die unter ihrer Krone moosfrei den besten Krümelboden bereitet und erhalten hat. Dazu ist diese Buche sehr bescheiden, hat jahrzehntelang unter den Fichtenkronen gestanden, hat niemals auch nur seitlich die Fichtenkronen bedrängt, hat vielmehr den Fichtenwurzeln reichliche Nahrung zugeführt, so daß die Nachbarstämme im Dickenwachstum die anderen Fichten übertreffen. Die Wirkung, die Ramann (Bodenkunde, S. 88) den Bäumen im allgemeinen zuspricht: „Gegenüber der Auswaschung der Salze in den oberen Bodenschichten besorgen die Pflanzen, namentlich die Bäume, die Zufuhr von Salzen (Kali) aus der Bodentiefe zur Oberfläche, und gleichen so annähernd die Verarmung der oberen Bodenschichten an löslichen Salzen wieder aus" — diese Wirkung übt die Buche am beſten aus. Waſſerwirtſchaftlich wichtig iſt dabei, daß in der Oberfläche dieſer Buchenhumusoaſe kein Waſſer vorhanden iſt, ſondern daß es tiefer in den Boden eingedrungen iſt. Der Umſtand daß dieſe zum Nebenſtande gehörige Buche eine Fläche von 1 a wirkſam beſtreut, läßt eine Beimiſchung von 100 Buchen auf 1 ha genügend erſcheinen, um den Boden in Ordnung zu halten.

Je höher im Gebirge hinauf, deſto weniger wird die Buche der Fichte den Platz ſtreitig machen, um ſo mehr iſt ſie ſogar auf den Schutz der ſie überſchirmenden Fichte angewieſen. Sie hält den Druck der Fichte ſehr lange aus, und es iſt Zeit, ihr bei den Durchforſtungen erſt dann mehr Raum zu ſchaffen, wenn die Fichten bereits gute Preiſe bringen. Es iſt auf dieſe Weiſe von den mittelalten Beſtänden noch mancher als Miſchbeſtand zu retten.

Wenn S. 15 behauptet wurde, daß der Wald die fruchtbare Bodenkrume, die zugleich als natürlichſter Waſſerbehälter zu gelten hat, immer mächtiger geſtaltet, ſo gilt das z. T. für die anderen tief= wurzelnden Holzarten und ganz für die den Luft= und Waſſerzutritt fördernde Buche. Nicht für die Fichte. In verdichtetem und ober= flächlich vernäßtem Boden bildet die Fichte ein unglaublich flaches Wurzelſyſtem bis nur 20 cm Tiefe; ſie kann garnicht tiefer wurzeln, da die Oberflächenvernäſſung die Luft abſchließt. Man hat ſich ge= wöhnt, die Flachwurzeln der Fichte als etwas bei ihr Unabänderliches anzuſehen; aber ebenſo wie die Fichte ihre Wurzeln tief in Fels= ſpalten ſchickt in Ermangelung anderen Haltes und anderer Nähr= ſtellen, ebenſo bildet ſie im lockeren waſſerdurchläſſigen Boden bis 1,3 m tiefe Wurzeln und über dieſen Wurzeln Stämme, die mit ihren Längen und ihrer farbenfrohen rotbraunen Rinde vorteilhaft gegen die flechtenbehangenen dünneren Stämme auf vernäßtem Grunde abſtechen.

Es iſt nicht leicht, einer ertragsärmeren und dabei noch an= ſpruchsvolleren Holzart wie der Buche das Wort zu reden, aber man befindet ſich bei dieſem Vorgehen in guter Geſellſchaft:

Burckhardt empfiehlt in ſeinem „Säen und Pflanzen", 6. Auf= lage, S. 356 „Buchenpartien in rauheren Lagen für die Fichte nicht ganz verloren gehen zu laſſen."

Unter Oberforſtmeiſter Danckelmanns Leitung ſind bei Ebers= walde auf Kiefernboden gute Buchenmiſchbeſtände gezogen. Vgl. „Grundzüge der Geſchichte und Wirtſchaft der Königlichen Oberförſterei Eberswalde" von Dr. W. Borgmann. Berlin 1905. Verlag von Julius Springer.

Forstrat a. D. Deckert bezeichnet als das beste Mittel zur Boden=
durchlüftung auf natürlichem Wege die Pflege des Mischwaldes und
besonders der Buche. „Bericht über die fünfzehnte Wanderver=
sammlung des nordwestdeutschen Forstvereins zu Osterode am Harz",
S. 30 ff. Hannover 1900 Göhmannsche Buchdruckerei.

Im Aufsatz des Forstmeisters Krause, „Die gemischten Bestände
der Oberförsterei Zerrin" Zeitschrift für Forst= und Jagdwesen 1910
1. Heft, ist S. 16 zu lesen: „Wo die Absicht, das Laubholz auszu=
rotten, ganz oder nahezu gelungen ist, da haben wir jetzt verlichtete Kiefern=
bestände, die keine Hoffnung auf vollen Ertrag geben; wo das Laub=
holz gegen den Willen des Wirtschafters in die Kiefernbestände wieder
eingewandert ist, füllt es die Lücken aus, und diese Orte werden einst
die ertragreichsten werden. . ."!

Forstmeister Sellheim ist im März=Heft derselben Zeitschrift
1911, S. 321 kräftig für den „Schutz der Buche" eingetreten.

Daß die Waldbauliteratur, besonders die Werke von Hayer,
Gayer, Weise, ebenso nachdrücklich auf die Vorzüge des Mischwaldes
hinweist, dürfte wenigstens jedem Forstmanne bekannt sein.

Der jüngste Beitrag von Ramm über die vortrefflichen Eigen=
schaften der Buche als Mischholz zwischen Nadelhölzern[1]) behandelt
ganz anderen Boden — in der Hauptsache Buntsandstein — als der
2 Jahre früher erschienene Aufsatz über die Wasserpflege im Harz[2]),
dessen Forsten zum größten Teile auf Kulmgrauwacke, Tonschiefer und
Rotliegendem stocken. Solche Übereinstimmung im waldbaulichen Ver=
halten der Buche muß auch den Zweiflern zu denken geben.

Ramm berichtet die vom Oberforstmeister Grafen von Sponeck
— vor 100 Jahren — beschriebene Tatsache, daß die längsten und
stärksten „Holländertannen" aus den Buchenmischungen stammen
und zwar „wenn etwa auf zwei Tannen eine Buche kam"; das wäre
ein Mischungsverhältnis von $2/3$ Nadelholz und $1/3$ Buche!

Nach Ramms Untersuchungen ist der Ortstein, dieses für die
Pfahlwurzel der Kiefer unüberwindliche Hindernis, von der Buchen=
wurzel durchbrochen. Die zarten Wurzelspitzen und =hauben der
Buche sind natürlich nicht mechanisch so viel kräftiger als die der

---

[1]) „Die waldbauliche Zukunft des Württembergischen Schwarzwaldes." In=
auguraldissertation des Königlich Württembergischen Oberförsters Ramm in Kalm=
bach. Tübingen, Druck von H. Laupp jun., 1911.

[2]) „Waldkultur und Wasserpflege im Harze." Zeitschrift für Forst= und Jagd=
wesen. 3. Heft, 1909. Berlin, Julius Springer. S. 157 ff.

Kiefer, sondern es ist das von der Buche am Stamme heruntergeleitete Süßwasser, das die lösende Vorarbeit am Ortstein leistete. Nach Ramann (Bodenkunde S. 24) ist nicht kohlensäurehaltiges Wasser znr Aufschließung und Verwitterung der Mineralien ausschließlich nötig, es ist vielmehr jetzt festgestellt, „daß der erste Angriff durch die hydrolysierende Wirkung des Wassers erfolgt. Den Säuren sind nur sekundäre Wirkungen zuzuschreiben." Welche Übereinstimmung in den forstwirtschaftlichen und wasserwirtschaftlichen Interessen bezüglich des tiefer in den Boden eindringenden Wassers! Ramm fordert (S. 107) als Heilmittel für die Württembergischen Schwarzwaldforsten „eine gemischte Bestockung mit entsprechendem Anteil von Laubholz — Buchen —, der namentlich auf den exponierten Standorten entsprechend groß sein soll."

Betriebsart.

Aber auch die Buche kann in besonderen Lagen und durch ungeeignete Bewirtschaftung die Bodenoberfläche in ungünstiger Weise beeinflussen. Von der Oberförsterei Neubruchhausen (Reg.-Bez. Hannover) ist bekannt, daß auch eine zu starke Buchenlaubschicht, die auf frischem kalten Boden und in der wasserdampfreichen Luft des Nordseegebietes sich langsamer zersetzt, sehr schädliche Mengen von Rohhumus aufspeichern kann. Früher, als der Forstwirt noch vorzugsweise für Brennholz zu sorgen hatte, galt der dichte Hochwaldschluß für das geeignetste Mittel, um bei Dunkelhaltung des Bodens die massenreichsten Bestände zu erzielen.

Plenterwald.

Dem Hochwalde gegenüber zeigt der Plenterwald mit seinen durcheinander gemischten Altersklassen ein vielstöckiges Kronendach, durch das Licht, Luft, Wasser, Wärme besser auf den Boden einwirken können. Man hat deshalb auch neuerdings wieder auf den Plenterwald große Hoffnungen gesetzt[1]. Der Plenterwald hat aber so viele Nachteile, wie z. B. Überschattung der Nachwüchse durch die alten breitkronigen Bäume, Schwierigkeit der Nutzung zwischen den engstehenden Jungwüchsen, Unsicherheit der Ertragsregelung bei den regellos über die Fläche verteilten Altersklassen, Erschwerung und

---

[1] Forstmeister R. Düesberg: „Der Wald als Erzieher." Verlag von Paul Parey, Berlin 1910.

Verteuerung der Betriebsleitung, daß bis auf einzelne sicher aner=
kennenswerte Versuche und bis auf gewisse schwierige Geländever=
hältnisse der Übergang zum Plenterwaldbetriebe ausgeschlossen er=
scheint. Sehr klar haben Professor Dr. Martin[1]) und Oberforst=
meister Fricke[2]) diese Verhältnisse geschildert.

Hochwald.

Unser jetziger Hochwaldbetrieb bindet sich aber nicht mehr an
die früheren ängstlichen Regeln des unununterbrochenen Kronenschlusses.
Der Bodanneckische Satz: „Der Zuwachs ist nicht nur eine Funktion
des Bodens, sondern auch des Raumes", ist in Preußen in Laub=
hölzern bereits seit 3—4 Jahrzehnten angewendet, in den Nadel=
holzbeständen erst seit Bodanneckis und Schiffels Vorgehen. Das
Motto Bodanneckis gilt für den Einzelstamm und bedeutet: es kommt
uns auf der Flächeneinheit nicht auf eine möglichst große Zahl schlanker
astreiner, dabei aber dünner und kurzbekronter Stämme an, sondern
auf die förderlichste Entwicklung der besten Nutzholzstämme
durch gesunde genügende Kronen; zu genügend langen und breiten
Kronen gehört aber Platz! Namentlich bei den Laubhölzern wird
der dicke Stamm am besten bezahlt, so daß unsere Klassifizierung zum
Verkaufe nach den Durchmessern erfolgt. Bei Buche kann die
V. Nutzholzklasse mit Durchmessern von 20—29 cm 10—13 M. kosten,
die I. Klasse (über 60 cm Durchmesser) 30—40 M. für 1 Festmeter.
Dabei können die Hölzer beider Klassen gleich alt sein: die der
V. Klasse aus einem enggeschlossenen Bestande mit winzigen Kronen
der Stämme, die der I. Klasse aus einem mit Fleiß und Liebe von
früheren Zeiten her gepflegten Bestande, aus dem zugunsten der
ausgesuchtesten besten Nutzholzstämme die im Kronenraum sich breit=
machenden weniger guten Stämme stets rechtzeitig herausge=
nommen wurden. Gegen eine zu starke Entblößung des Bodens
schützt man sich bei diesem stärkeren Eingriff in den obersten Kronen=
raum dadurch, daß man die zurückgebliebenen — übrigens vorläufig
für die Nutzung noch wertlosen — kürzeren geringeren Stämme
streng mit dem Hiebe verschont. Sie werden als „untere Kronen=

---

[1]) Professor Dr. H. Martin: „Die forstliche Statik". 2. Band, S. 20 ff.
Verlag von Julius Springer, Berlin 1911.

[2]) Oberforstmeister Fricke: „Plenterbetrieb oder Hochwaldbetrieb." Zeitschrift für
Forst= und Jagdwesen. 10. Heft, Oktober 1911. Verlag von Julius Springer, Berlin.

staffel" ihr schützendes Laubwerk um so mehr entwickeln, je mehr Licht zwischen den Kronen der herrschenden ausgezeichneten Stämme einfällt.

Es ist Licht in unseren Durchforstungsbetrieb gekommen, und so sicher wie wir unter Förderung der besten Nutzholzstämme einem starken Wertzuwachs entgegengehen und gleichzeitig unter Verminderung des Holzvorratskapitals im Walde das von Professor Dr. Borgmann so klar gezeichnete ökonomische Prinzip neben dem waldbaulichen zur Geltung bringen[1]); so sicher wie wir zur rechten Zeit den Waldboden zu regerer Tätigkeit und somit zu nachhaltig gleichbleibender Hergabe von Nährstoffen anregen, ebenso sicher vermeiden wir durch die stete regelmäßige Zersetzung der Laubabfälle die Bildung von wasserundurchlässigen Rohhumusstoffen und schaffen durch die Erziehung von kraftvollen Stämmen Tiefwurzler, die den porösen Waldbodenfilter immer tiefer aufschließen.

Es gibt gar keine billigere Herstellung eines in so weiter Verbreitung möglichen Wasserbehälters, wie sie der gutgehaltene Waldboden bietet. Wo der gute Wille oder die bessere Einsicht fehlt, muß der Staat nachhelfen, nicht in akuten Fällen, wie in der Zeitschrift „Die Talsperre"[2]) vorgeschlagen wird, sondern die Staatsoberaufsicht muß dem chronischen Übel steuern durch Aufzwingung richtiger Forstwirtschaftsmaßregeln. Hier würde den Waldbesitzern eine Wohltat aufgezwungen, denn, um es zu wiederholen: die Fichte (und das andere Nadelholz) wächst in der Buchenmischung so vorzüglich, daß sie dort auf die Dauer höhere Erträge bringt als in reinen Beständen.

Eine vom Oberförster Dr. Thiele in Stiege (Harz) verfertigte Aufnahme spricht in der hier beigefügten Zeichnung allein für sich.

Die im Buchengrundbestande erwachsene Fichte (Stammscheibe 1) übertrifft die im reinen Fichtenbestande erwachsene Fichte (Stammscheibe 2) im Werte um das Dreifache. Der eine Baum ist drei wert! also könnte man an Fichtenstammzahl sparen, die Ausgaben für Kulturkosten erheblich verringern.

---

[1]) „Über die Beziehungen zwischen dem natürlichen und ökonomischen Prinzip in der Forstwirtschaft" Antrittsrede von Professor Dr. W. Borgmann. Tharander Forstliches Jahrbuch, 62. Band, 1. Heft. Berlin, Verlag von Paul Parey, 1911.

[2]) „Die Talsperre", Zeitschrift für Wasserwirtschaft von Emil Hagenkötter, Beuel-Bonn, schlägt in Nr. 2 vom 11. Oktober 1911 S. 14, als Ersatz für die mangelnden Wasserkräfte Steuernachlaß in 1911 vor. Zu gönnen wäre das den geschädigten Wasserkraftbesitzern schon!

Man kann noch mehr an Kulturkosten sparen: Im erwähnten Aufsatz „Waldkultur und Wasserpflege" wird S. 166 u. 173 der milde Buchenhumus als bestes Mittel für natürliche kostenlose Verjüngung auch der Fichte bezeichnet.   Für die Verjüngung der Buche ist die Benutzung dieses Mittels bekannteste Regel; für die Verjüngung der Fichte ist sie in Preußen nur an wenigen Stellen begonnen.   Im Stadtwalde von Ellrich am Harz (Porphyritboden) sind große Jungwuchsflächen von nun schon mannshohen Fichten unter Buchenschirm entstanden, die nur auf die lichtende und pflegende Hand warten, um durch ihr Gedeihen den Stadtsäckel zu entlasten.

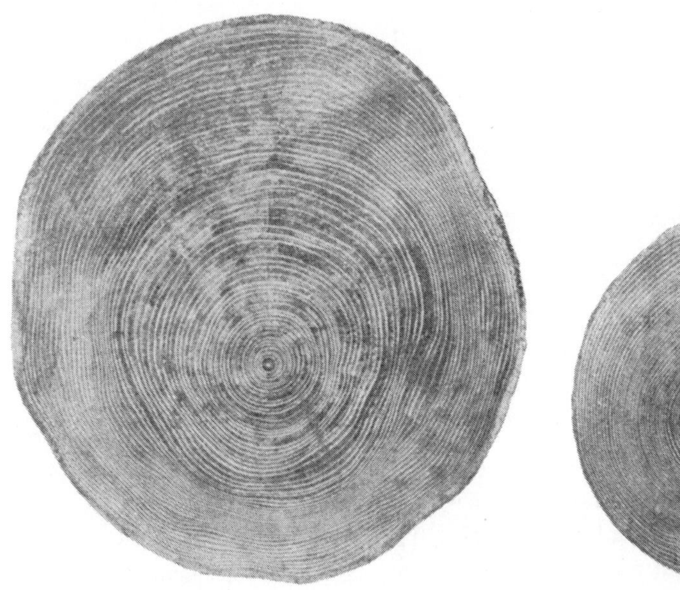

Stammscheibe 1.   Stammscheibe 2.

Von der Stadt Solothurn beschreibt Japing[1]) die natürliche Verjüngung von Tanne, Buche, Fichte in Mischung.

Ramm faßt das Urteil über den Bodenzustand S. 35 seiner Dissertation in den kurzen wichtigen Satz zusammen: „Das beste Kriterium für den Gesundheitszustand eines Bodens ist das Keimbett, das er darbietet oder baut."

---

[1]) „Über natürliche Fichtenverjüngung im Stadtwald von Solothurn." Von Forstassessor Japing. Mündener forstliche Hefte Nr. 16, Jahrgang 1900, S. 134 ff.

Der Leiter des landwirtschaftlichen bakteriologischen Instituts der Universität Göttingen, Herr Professor Dr. Alfred Koch, hat höchst interessante Untersuchungen über Fichten- und Buchenhumus gemacht, über die ein besonderer Bericht veröffentlicht werden wird. Aus dem mit Humus aus dem Reviere Sieber angestellten Versuchen darf ich mitteilen, daß Milligramm in 100 g trockenen Bodens enthalten sind

	Nitratstickstoff	Gesamtstickstoff
I. im guten lehmigen Feldboden bei Göttingen.	1,00	130
II. im Buchenhumus aus 80 j. Bestande . . .	18,78	979,7
III. im Fichtenhumus von Nadeln aus 50 j. dunklem Bestande	26,98	1284,7
IV. im Fichtenhumus von Moos und Nadeln aus 100 j. gelichtetem Best. mit beginnendem Graswuchs	9,75	1384,3

Der Waldboden oder doch seine oberste Schicht ist ungeheuer reich an Stickstoff. Die Umwandlung in für die Pflanzen verwendbaren (Nitrat-Salpeter-) Stickstoff erfolgt durch Bakterien. Die Bakterien brauchen zu ihrem Gedeihen einen gewissen Wassergehalt; wir können also aus den Zahlen unter Berücksichtigung der Tatsache, daß der Nitratstickstoff sehr leicht ausgewaschen wird, gewisse Schlüsse auf die Wasserbewegung ziehen.

1. Der Feldboden scheidet aus der vergleichenden Schlußfolgerung aus, da in der abgeernteten oberirdischen Pflanzensubstanz viel Stickstoff entführt wird, während im Walde die erzeugte Pflanzensubstanz viele Jahrzehnte hindurch ziemlich unberührt bleibt und als Stickstoffquelle dient.

2. Vom Buchenhumus sind 300 mg mehr als beim Fichtennadelhumus und 400 mg mehr als beim Moosnadelhumus in löslichen Stickstoff umgewandelt; trotzdem weist aber der Buchenboden nicht so viel löslichen Stickstoff auf wie der Fichtennadelboden unter III., weil er das Wasser besser in den Untergrund durchdringen läßt und dabei eine größere Auswaschung erleidet.

3. Die noch aufstrebenden Äste des jüngeren Fichtenbestandes lassen noch etwas Wasser an den Stämmen herunter in den Boden gelangen und bieten durch eine frischere Bodenhaltung den Bakterien günstigere Entwicklungsbedingungen als im Boden IV. Es wird zwar schon weniger Stickstoff umgewandelt als im Buchenboden, es hält sich aber mehr vor-

rätig, weil das Niederschlagwasser zum großen Teile ober=
flächlich seitlich abfließt und daher die Auswaschung nicht so
gründlich besorgen kann.

4. Beim Boden IV (Moos, Nadeln) haben die alten Fichten
Hängezweige und hindern die gleichmäßige Anfrischung des
Bodens unter dem Baumschirme, deshalb ist bei ihm die Bak=
terientätigkeit am geringsten. Die Einwaschung ist zwar durch
die Moospolster noch mehr erschwert, der geringere Vorrat
an löslichem Stickstoff erklärt sich aber z. T. durch den Ver=
brauch der schon auftretenden Grasvegetation.

Voraussetzung ist hierbei, daß der ursprüngliche Gesamtstickstoff
bei Buchenlaub= und Fichtennadelstreu auf der Flächeneinheit mindestens
der gleiche ist:

Ramann fand in den Monaten Juli bis September in 100 Teilen
Trockensubstanz der Buchenblätter 2,126 bis 2,270 Teile Stickstoff.

Vor dem Blattabfall wandert ein Teil des Stickstoffs in die
Zweige zurück, daher zeigt das abgefallene Blatt geringen Stick=
stoffgehalt:

Neßler stellte fest
      in nicht zersetzten Buchenblättern . . . 1,78 Proz.
           „   zersetzten   „   . . . 2,01 „
der Trockensubstanz.

Ebermayer fand Stickstoffgehalt der Trockensubstanz
          der Buchenstreu . . . 1,34 Proz.
          „ Fichtenstreu . . . 1,06 „
Nach demselben Autor ist die jährliche Stickstoffproduktion auf
dem Hektar
in den Blättern eines 90—110 j. Buchenbestandes . . . 42,17 kg
  „   „   „   „ 90—110 j. Fichtenbestandes . . . 33,44 „
Unsere Voraussetzung trifft also zu: die Buchenstreu bringt er=
heblich mehr Gesamtstickstoff auf die Flächeneinheit. Da die Buche
tiefer wurzelt, verbraucht sie vermutlich weniger gelösten Stickstoff als
die flacher wurzelnde Fichte, so daß der Schluß gerechtfertigt erscheint:
die starke Verminderung des Stickstoffs in der Oberschicht des Buchen=
bodens sei durch Einwaschung in tiefere Lagen erfolgt.

In der Begünstigung der Süßwasserbewegung von oben
nach unten steht auch nach dieser Schlußfolge der Buchenboden über
dem durch einseitige Wirtschaft, d. h. durch Vernachlässigung der Holz=
artenmischung verdichteten Fichtenboden.

Vielleicht tröstet sich der mit den vorstehenden Ausführungen un=
zufriedene Forstmann mit der Tatsache, daß doch im Fichtenhumus
noch eine große Menge von Stickstoff enthalten ist. Wenn das nur
viel helfen möchte!

Herr Professor Koch hat praktische Versuche mit Buchweizen an=
gestellt:

Fichtenhumus.   Buchenhumus.

Der Buchweizen war 1910 im Buchenboden doppelt so hoch wie
in den Fichtenböden und brachte etwa den doppelten Ernteertrag; die
Buchweizenblätter des Fichtenbodens waren zum Teil an den Rändern
eingerollt oder gelb, auch waren etliche Keimpflanzen abgestorben.
Das deutete auf Vergiftungserscheinungen.

Derselbe Versuch 1911 brachte vom Buchenhumusboden dieselbe
günstige Ernte, vom Fichtenhumusboden — gar nichts!

Über Beweisversuche, daß tatsächlich für das zarte Pflänzchen
giftige Stoffe im Fichtenhumus enthalten sind, wird, wie gesagt, Herr
Professor Koch seine Arbeiten veröffentlichen. Jedenfalls haben wir
bei einem gemeinsamen Ausfluge ins Harzrevier im Oktober 1911
festgestellt, daß in der Moos= und Nadelstreu zahlreiche von der
Keimung 1907 stammende, also 4 jährige Fichten gestorben waren,
während die im Buchenhumusboden stehenden Pflänzchen dunkelgrün
und mit guten Trieben erhalten geblieben sind.

Eingriffe des Menschen in den Waldboden.

Wir sind jetzt drei große Schritte vorwärts gekommen.

Zuerst stellen wir fest, daß der Staat — die große Interessen=
gemeinschaft — die nach Ertrags= und Landesschutzrücksichten gebotene
beste Bodenwirtschaft gesetzlich fordern darf und muß;

dann forsteten wir die bisher ertraglosen oder doch geringwertigen,
zurzeit verödeten Steilhänge und die sie beherrschenden Hochebenen auf;

zuletzt sorgten wir, indem wir alle im Niederschlagsgebiet zwischen
200—800 m Meereshöhe liegenden Gebirgswaldungen (aufgeforstete
Ödländer und die bereits vorhandenen Forsten) als Schutzwald
bezeichneten, für eine fortdauernd gute Lockerung des Waldbodens
durch den Mischwald, unter besonderer Berücksichtigung der Buche.

Die Forderungen des Wasserwirtschafters und des für die all=
gemeine Landeskultur Besorgten sind aber noch nicht erledigt: wir
wollen den geschaffenen und gut gepflegten Wald auch nutzen!

Man verbindet bisher mit dem Begriffe „Schutzwald" eine weit=
gehende Schonung des mit diesem Charakter belegten Waldes. Der
Schutz= oder Bannwald wird mit heiliger Scheu betrachtet und behandelt.
Die Axt gilt als Feind dieses Waldes, aber man kann jeden Schutz=
wald nutzen, und wenn wir von weiten Gebirgswaldgebieten Schutz=
einwirkungen fordern, dann müssen wir aus ihnen auch die möglich
größten Erträge ziehen können. — In der Hand des rechten
Forstwirts wird die Axt zum besten Pfleger des Waldes!

Aber es gibt schwerere Eingriffe in den Wald, d. h. in den
Waldboden. Da das Gebirge die Abfuhr der Hölzer erschwert,
müssen wir Wege haben; und Wegebau bedeutet den schwersten
Eingriff in den Boden.

Ein anderer Eingriff, der vorsichtig angewendet den größten
Segen stiften kann, ist die Bodenentwässerung. Durch die un=
vorsichtige Entwässerung ist ungeheurer Schaden angerichtet. Mit
Unrecht wird die Ausbreitung der „Trockenkultur" verantwortlich ge=
macht für die immer mehr zunehmende Wasserarmut; wir haben ja
gesehen, daß hoher Wassergehalt in den obersten Schichten den Boden
kalt macht und die nötige Durchlüftung der Wurzelräume verhindert;
wer möchte angesichts der ungeheuren Fortschritte unserer Landwirt=
schaft etwa den Sumpfzustand des alten Germaniens ernstlich zurück=
wünschen, als noch der Elch und der Wisent durch das Erlengesträpp
brach? Wem schlägt nicht vielmehr das Herz höher bei dem Gedanken

an die ungeheure Kulturarbeit, die von den Hohenzollernfürsten im Osten des Königreichs geleistet worden ist? Jedoch, was in den Tieflagen Segen brachte, paßte nicht ohne weiteres für das Gebirge! In den Bergen ist mit den Entwässerungsgräben bisher mit wenigen Ausnahmen durchaus falsch gearbeitet.

Der Leser kann sich ohne Mühe selbst davon überzeugen, daß ein Entwässerungsgraben im Gebirgsforst selten anders als im Hauptgefälle angelegt worden ist und noch wird. Man gewinnt den Eindruck, als könnte der Wirtschafter das Wasser gar nicht schnell genug loswerden. Die Gräben im Hauptgefälle reißen nicht nur tiefe Einschnitte in den Waldboden, indem sie dabei fruchtbare Erde entführen und schädliche Lücken (Gassen) für den Sturmangriff bilden; sie beschleunigen nicht nur den eiligen Ablauf des Wassers und das schnellere Auftreten sowie die Erhöhung der Flutwelle, sondern sie sind auch die eigentlichen Beförderer des Steingerölles, das zur Versetzung der Flußläufe und schlimmer als Hochflut zur Abreißung der Ufer führt[1]).

Den Gegensatz zu den Gräben im steilsten Gefälle bilden Horizontalgräben oder Gräben mit geringstem Gefälle. Es ist mit Freude zu begrüßen, daß bereits der Ministerialerlaß vom 25. Mai 1881, III 472 I für die Moore der Brockengegend die langsame Wasserabführung in Hanggräben anordnete. Wie solche Horizontalgräben wirken, geht aus den Angaben über die Hochwasserschäden im Harzgebiet hervor[2]). Danach haben die zahlreichen Horizontalgräben, die die Bergwerksweiher speisen, dazu beigetragen, die Kosten für Hochwasserschäden im Gebiete der Innerste stark herabzumindern.

Im nassen Gebiet sind Entwässerungsgräben nicht zu vermeiden; im nassen Gebirgsgebiet wird die Fichte vorherrschen; der Fichtenbestand wird den Moosen Gelegenheit zum Gedeihen bieten. Fließt nun schon über die Moosdecke das Wasser unerwünscht schnell ab, so wird der Abfluß durch Steilgräben noch beschleunigt. Der Horizontalgraben aber schneidet jeder Wasserader den steilsten, kürzesten, schnellsten Weg ab und zwingt das Wasser in seitliche Richtung zu langsamem Abfluß bis zur nächsten natürlichen Bachrinne.

---

[1]) Vgl. Vortrag im Harzer Forstverein. In der Zeitschrift für Forst- und Jagdwesen, 9. Heft, September 1908, S. 587 ff. Verlag von Julius Springer, Berlin.

[2]) Mitteilungen der Gesellschaft zur Förderung der Wasserwirtschaft im Harze zu Braunschweig 1908, 4. Heft, S. 219 ff.

Wo entwässert werden muß, entstehen keine besonderen Kosten für die Anlage der Horizontalgräben; es ist ja für die Geldausgabe gleichgültig, ob die Gräben steil oder horizontal angelegt werden.

Der Steilgraben hat nach der Seite hin nicht einmal ein ausgedehntes Wirkungsgebiet; auch dicht neben solchen Gräben hält sich der Boden sehr naß. Dagegen setzen sich die Steilgräben sehr oft selbst außer Tätigkeit, indem sie Reisig und kleines Gerölle mitführen, sich zusetzen und dann das angestaute Wasser zur Seite entsenden. Gerade an solchen Stellen findet man die häufigsten Anfänge der Wassermoosansiedelung und Vermoorung. Die geringe Wirkung des Grabens im Hauptgefälle wird auch von den Anhängern der alten Methode eingestanden, denn man hilft sich mit Diagonalgräben. Bei einem solchen Grabennetz verstärkt ein Graben die Wasserführung des anderen; bei parallelen Horizontalgräben dagegen entlastet immer der obere den tieferliegenden.

Was in dem Bericht gelegentlich der Generalversammlung zu Braunschweig[1]) am 14. Juni 1911 über die Hochmoore vorgetragen wurde, gilt auch für die anmoorigen Böden, d. h. die Wasserabflußregelung durch Gräben geringsten Gefälles bietet nach allen Seiten die größten Vorteile in bodenkultureller und wasserwirtschaftlicher Hinsicht.

Es kommt zu selten vor, daß Bodenwirtschaft und Industrie mit ihren Forderungen nicht in Gegensatz geraten, als daß ich auf die nochmalige Zusammenstellung der durch die Horizontalgräben erreichten Vorteile verzichten möchte:

1. Vorteile für die Forstwirtschaft:

Die Kraft des Wassers wird gebrochen und kann nicht mehr Erdrisse bilden, noch auch fruchtbaren Boden entführen.

Das oberflächlich abfließende Wasser wird abgefangen und so verhindert, weiter bergab die Moose anzufeuchten und durch die Verdichtung dieser schädlichen Flora den Boden immer mehr zu verschlechtern.

Die Fichten werden tiefer wurzeln, bodenbessernde Holzarten (Buche) können besser gedeihen, so daß auf jede Weise für die Bodenveredelung gesorgt ist.

---

[1]) Protokoll über die V. Generalversammlung der Gesellschaft zur Förderung der Wasserwirtschaft im Harze.

2. Vorteile für die allgemeine Landeskultur:

Durch den aufgezwungenen Umweg wird das schnelle Zutalströmen des Wassers verlangsamt, die Beschleunigung der Flutwelle verzögert, ihr Scheitel erniedrigt, daher die Hochwassergefahr abgeschwächt.

Es wird nicht mehr so viel Gerölle zu Tal geführt, Uferabrisse werden seltener, die Kosten für Uferbefestigungen werden geringer.

Durch Vertiefung der Sickerschicht im veredelten Waldboden wird der Speicher für das Niederschlagswasser geräumiger. Daraus folgt eine weitere Abschwächung der Hochwassergefahr und zugleich eine größere Sicherung der nachhaltigen Wasserlieferung, die die Erhaltung eines gesunden Grundwasserstandes und Berieselungen ermöglicht.

3. Vorteile für die Industrie:

Der unter 2. geschilderte Wasserausgleich kommt der Industrie zugute, sichert auf längere Zeit die Betriebskraft in geringeren Schwankungen und schützt ihre Stau- und Fabrikanlagen gegen Zerstörung.

Sie gewinnt in Trockenzeiten mehr Wasser aus den moorigen und anmoorigen Gebieten. Während starke Niederschläge die Bäche zu schnell füllen, kommt von schwachen Niederschlägen aus den Moosgegenden nichts in die Flüsse. Rieselt wirklich ein kleiner Teil des Niederschlagswassers oberflächlich bergab, so wird es von den Moospolstern gierig verbraucht, auf diese Weise wird dem Kulturboden weiter geschadet und dabei doch für die Aufhöhung des Niedrigwassers nichts erreicht. In einem System von horizontalen Parallelgräben wird dagegen das sonst in spärlicher Verteilung leicht verdunstende Wasser gesammelt und erreicht in meßbarer Menge die nächste Bachrinne.

Alle diese Vorteile erreichen wir also im nassen Boden dadurch ohne Kosten, daß wir die nötige Wasserabflußregelung auf die richtige statt auf die verkehrte Weise ausführen. Es ist daher eine billige und im allgemeinen Interesse dringend gebotene Forderung, daß der Forstwirt bei Wasserarbeiten im Waldreviere die allgemeinen wasserwirtschaftlichen und wasserbautechnischen Grundregeln befolgt; und zwar ohne Entschädigung, wenn er damit seinen eigenen Wald schützt oder gar eine Bodenveredelung und Ertragssteigerung erreicht.

Von meinen Fachgenossen wird oft auch die positive Seite der Wasserregelung — die Bewässerung im Walde — gefordert.

In den hochgelegenen Gebirgsgebieten mit bedeutenden Niederschlägen ist eine Bewässerung überhaupt nicht nötig; in den unteren wärmeren Lagen treten aber scharfe Unterschiede auf — die Mulden sind frisch bis feucht, so daß sie im günstigen Falle Wasser für ein Bächlein zusammenbringen; die scharfen nach beiden Seiten steil abfallenden Rücken sind trocken, weil von ihnen das Wasser nach zwei Seiten wie von einem Dachfirst abfließt und weil sie leichter von der Luft gefaßt und ausgetrocknet werden. Hier mit Bewässerungsgräben arbeiten zu wollen, hieße die extensive, d. h. mit wenig Arbeits- und Kostenaufwand schaffende Wirtschaftsweise verlassen; der Erfolg dürfte auch sehr gering sein, denn in Trockenzeiten reicht an langen Hängen die kleine Wasserader aus der Mulde nicht bis zum trockenen Rücken, bei starken Niederschlägen würde man aber Gefahr laufen, Wasser in zu großer Menge aus sicherem unschädlichen Bett an steile Hänge zu führen, wo es bei jedem Überfließen den Bodenraub und die Geröllführung beginnen, also Gefahren herbeiführen kann, die wir doch streng vermeiden wollen.

Auf trockenen Bergrücken sind die „Stückgräben" zu empfehlen: kurze Gräben in genau horizontaler Lage, die das Wasser aufhalten und ihm Zeit geben, tiefer in den Boden einzudringen[1]). Man gewinnt hierbei wieder zugleich in wasserwirtschaftlicher und bodenkultureller Richtung, da der schnelle Wasserabfluß gehindert wird und da die Gräben, selbst wenn sie zeitweise durch die Waldstreu gefüllt werden, Feuchtigkeits- und Humussammler bleiben.

Gräben brauchen wir nur in feuchten bis nassen Lagen, Wege müssen wir im Forst überall haben. Wenn der Wegebau recht ansehnliche Summen verschlingt, so ist es doch eine anerkannte Tatsache, daß keine Anlage im Walde sich schneller und sicherer verzinst als ein zweckmäßig angelegtes Wegenetz. Der Wegebau ist ein Arbeitsgebiet, das vom Klima weniger abhängig ist als der Waldbau mit seinem Reichtum an Holzarten; auf diesem Arbeitsgebiete müßten wir Forstleute uns daher schneller zusammenfinden.

---

[1]) Vgl. „Darstellung des Gebrauchswertes der Wasserfanggräben im bewaldeten Gebirgsland". Von Dr. phil. O. B. Anderlind. Tharandter forstliches Jahrbuch, 57. Band, 1907, S. 71 ff. Verlag von Paul Parey, Berlin.

Es gibt kaum eine leichtere und augenfälligere Gelegenheit, waſſerwirtſchaftliche und verkehrswirtſchaftliche Forderungen bei einer Arbeit ſo zu berückſichtigen wie beim Wegebau.

Auch bei der Anlage der Feldwegenetze wären dieſelben Forderungen zu ſtellen. Heute iſt aber die „wirtſchaftliche Zuſammenlegung der Grundſtücke" (Verkoppelung, Separation) ſo weit gediehen, daß eine Änderung ungeheure Koſten verſchlingen würde.

In den Forſten liegt die Sache günſtiger: Da man die Wege nicht auf einmal baut, ſind wir an vielen Orten — namentlich im ſchwierigen Gebirge — noch glücklich im Rückſtande. Das iſt günſtig, weil man neuere Erfahrungen nun noch verwerten kann. Der erſte Forſtwirt, der beim Forſtwegebau bodenkulturelle und waſſerwirt= ſchaftliche Rückſichten zur Geltung brachte, iſt der Kgl. Forſtrat a. D. O. Kaiſer[1]). Seine Lehren, die er in reichem Maße in Heſſen= Naſſau und in der Rheinprovinz in die Praxis umſetzen durfte, ſind für den Waldwegebau grundlegend geworden. Keiner ſeiner Wege überquert eine Bergſchlucht, ohne mit ſeinem Damme der Geröll= führung, dem Bodenraube Halt zu gebieten oder als Stau für einen kleinen Fiſchweiher zu dienen. Wo es irgend geht, bildet ein Weg zwiſchen Wald und Feld die Kulturgrenze. Die Hauptſache aber bleibt, daß Kaiſer die Forderung betont hat, die Waldwege müßten ſteile Gefälle vermeiden! Er geht von dem günſtigſten Extrem aus und erklärt den „Nullweg", d. h. den genau horizontalen Verlauf als Optimum des Gefälles. Solche Nullwege ſind zahlreich in der Ober= förſterei Morbach (Hochwald, Reg.=Bez. Trier) ausgeführt; wo ſolche Horizontalwege nicht zur Talchauſſee führen, werden natürlich Ver= bindungswege talabwärts nötig, die ſtärkeres Gefälle haben müſſen. Die Anwendung dieſer ſtärkeren Gefälle halten die Gegner Kaiſers für eine gewiſſe Durchbrechung des Prinzips.

So ausgezeichnet der Horizontalweg auch den Bodenraub und Geröllführungen durch Waſſer verhindert und ſo vorzüglich er auch gleichzeitig eine Verlangſamung des Waſſerabfluſſes herbeiführt, wir müſſen doch den Abfuhrweg und die Abfuhrzeit in zuläſſiger Weiſe verkürzen; wir müſſen doch einmal herunter von den Berghängen und müſſen den feſten Steinweg im Tale auf der kürzeſten Strecke erreichen.

---

[1]) „Die wirtſchaftliche Einteilung der Forſten" mit beſonderer Berückſichtigung der Wegenetzlegung im Gebirge. Von Otto Kaiſer, Berlin 1902. Verlag von Julius Springer.

Es wird hier vorausgesetzt, daß in den preußischen Gebirgsforsten alle Talzüge mit brauchbarem Gefälle ihre festen Wege haben[1]), und daß, wo Taleinschnitte fehlen, Chausseen vorhanden sind, an die die Waldwege angeschlossen werden können. Uns beschäftigt in erster Linie der vielverrufene „Holzweg", d. h. der Holzabfuhrweg mit nicht gefestigter Fahrbahn; der wenig gepflegte Weg, der vom Rad=druck und vom Wasser leicht geschädigt werden kann.

Bisher galt es als Grundsatz für den Wegenetzleger im Gebirge, den Holzabfuhrwegen in der Richtung des Absatzortes Fall zu geben. Nach dem Kaiserschen Vorgange wurden vor 25—30 Jahren im Harze solche Wege mit sehr geringem Gefälle angelegt; diese Wege hatten nur den Vorzug, die Wasserfrage günstig zu regeln; so findet man Wege, die mit 2—6 Proz. in der Absatzrichtung fallend, sich 11,5 km lang an den Berghängen hinwinden, während darunter im Tale die glatte Chaussee die Endpunkte des Erdweges durch eine Strecke von nur 7,8 km verbindet; unvollständig aufgeschlossen wird der lange Hang, da nur die Mitte des Wegezuges die Hänge der durchschnittenen Distrikte halbiert; nicht unschädlich für die eigenen forstlichen Interessen ist die Bildung so schmaler langer Be=standeszipfel, wie sie bei der unteren Einmündung des Hangweges auf die Talchaussee entstehen. Auch die Beaufsichtigung der Holzabfuhr ist erschwert, wenn Gespanne — statt auf der belebten Chaussee und an der Försterwohnung vorbei — stundenlang im Forst auf Wegen fahren, die vielleicht erst in der benachbarten Oberförsterei das Tal erreichen.

Diesem Übelstande hat man bei der Wegenetzlegung im Harze im Jahre 1901/2 abhelfen wollen, indem man die Talchaussee schneller zu erreichen suchte. Damals sind die meisten Hangwegelinien von 10—12 Proz., ja sogar bis 14 Proz. Gefälle entstanden. Bequem für den Fuhrmann sind diese steilen Wege nicht, auch nicht nützlich für Zugtiere und Wagen.

Eine Hauptgefahr liegt aber in der Schaffung von steilen Wasserrinnen: Bei Niederschlägen werden die eingefahrenen Geleise ausgiebig von dem Wasser als Rinnsale benutzt; wie schnell sie sich dort sammeln, das kann jedermann draußen leicht beobachten. Professor Friedrich Croy weist in seiner „Forstlichen Baukunde", Seite 168

---

[1]) Wie das für den Harz in der Abhandlung „Waldwegebau und Wasserpflege im Harz". Zeitschrift für Forst= und Jagdwesen, 10. Heft, 1907, S. 639 ff. (Verlag von Julius Springer, Berlin) beschrieben ist.

auf die Gefahr des starken Gefälles hin mit den Worten: „Ein Weg
mit zu großem Gefälle ist schwer zu befahren, außerdem leidet er
aber auch durch den raschen Ablauf des Wassers, sodaß bei starken
oder länger andauernden Regengüssen, beim Schneeabgang usw. be=
deutende Beschädigungen des Weges eintreten können". Auf S. 169
wird dann ein Gefälle von 12 Proz. für bergab zu befördernde Last
noch für zulässig erklärt. Für Fuhren von 80 bis 100 Zentner ist
dies Gefälle zu groß. Außerdem schaut bei der Besorgnis wegen des
raschen Wasserablaufs nur die Fürsorge für den Weg heraus, während
die künstliche Ansammlung des Wassers und seine auch in anderer
Richtung zerstörende Wirkung unbetont bleibt. O. Kaiser sagt in
seiner „Wirtschaftlichen Einteilung der Forsten" S. 114: „Der Bau=
herr hat nur Nachteile von dem geneigten Weg. Als Erdweg kann
er, je höher der Neigungssatz, um so gefährlicher als Bodenräuber
werden". Hier ist es immer noch nur der Forstbesitzer allein,
der als Geschädigter erscheint.

Es fragt sich nun, ob man steile Berghänge überhaupt durch
Wege mit geringerer Neigung aufschließen kann. Als höchstes
Gefälle wählte Kaiser 6 Proz. Inzwischen hat auch „die Anweisung
zur Ausführung der Betriebsregelungen in den Preußischen Staats=
forsten" S. 6 bestimmt: „Das Gefäll darf 6 Proz. nur dann über=
schreiten, wenn dadurch ein besonders günstiger Verlauf der Wege
erzielt wird (z. B. bei Talwegen)." Übrigens ist das Gefällprozent
von 6 nicht willkürlich gewählt, sondern nach den Erfahrungen in der
Oberförsterei Schirmeck (Elsaß), wo im Waldeisenbahnbetriebe leere
Züge noch eine Steigung von 7 Proz. bewältigen. Wege mit 6 Proz.
Fall würden also einer in Zukunft möglichen Einführung der Wald=
eisenbahn keine Hindernisse bereiten.

Wo eine Talchaussee fällt, wird man mit einem Holzwege von
derselben Fallrichtung und von demselben geringen Gefälle nicht
vom Hange herunter und an die Chaussee kommen können. Den
ersten Fingerzeig gaben mir im Reviere Sieber einige Wege, die
vom Bergrücken abgehen und — in einer der Talneigung entgegen=
gesetzten Richtung fallend — höher im Tale die Chaussee erreichen.
Diese Wege sind sehr alt und wurden vom praktischen Bedürfnis
geschaffen; sie werden heute noch gern befahren. Professor Croy sagt
in seiner „Forstlichen Baukunde" Seite 167: „Sehr wichtig ist es
dabei auch, wenn es möglich ist, den Weg in entgegengesetzter
Richtung zum Fall der Talsohle zu führen, weil dann bei einem be=

stimmten Gefälle die Wegelinie viel kürzer ausfällt, als wenn man
sie in der Richtung des Falles der Talsohle führt."

Also die Hauptfrage, die bei der Wegenetzlegung an steilen
Gebirgshängen zu lösen bleibt: „Wie kommen wir von der Höhe
und vom Hange mit mäßigem Gefälle am schnellsten ins Tal auf die
gute Chaussee?" läßt sich durch eine veränderte Fahrtrichtung,
durch „rückläufige" Hangwege lösen. Wie man auf der Höhenrücken=
linie nicht die höchsten Stellen als Wegeausgangspunkte wählt, sondern
die „Sättel", ebenso wird man die Talchaussee nicht an ihren tiefsten,
sondern an höheren Punkten zu erreichen suchen. Auf einen soge=
nannten „Umweg" kommt es hierbei nicht an, denn für Fuhrwerke,
die am Tage nur einmal in den Wald fahren können, ist es von
geringem Belang, wenn sie wenige Kilometer weiter fahren müssen.
Gute Wege sind keine Umwege! Das beweisen die für Holz in
bequemer Abfuhrlage trotz der verschiedenen Entfernung (12 km und
23 km) gleichbleibenden Preise.

Wie durch die Anlage von solchen rückläufigen Hangwegen die
zu bauenden Wegestrecken nicht verlängert werden, mögen einige Bei=
spiele zeigen: Auf der beigefügten Tafel ist in Fig. 1 der Westhang
des Königsbergs (Oberf. Sieber) im Aufriß dargestellt, d. h. die in
Frage kommenden Linien sind auf eine etwa durch die Rückenlinie
gehende vertikale Ebene projiziert. Die lange Diagonale vom tiefsten
Chausseepunkte A nach dem Sattel S_4 stammt von 1888 und ist 1902
beibehalten als Hauptaufschlußweg. Im Jahre 1888 war sie alleiniger
Hangweg. Daß besonders der Hang unter Sattel S_2 und S_1 dadurch
gut aufgeschlossen wäre, kann man nicht behaupten. Die Linie $S_4\,A$
hat bei 5230 m Länge durchschnittlich 4,6 Proz. Gefälle. Bezüglich
des günstigen Hangaufschlusses hat die kurze Diagonale $S_1\,D$
in diesem Beispiele gar keine Vorzüge. Jedoch ist sie bei einer Länge
von 3800 m um 1430 m kürzer als die Linie $S_4\,A$, der Fuhrmann
hat also ebenso viele Meter weniger auf der Erdbahn zu fahren;
der Neubau und die Erhaltung kostet weniger; das Gefälle beträgt
2,6 Proz.

Diese kurze Diagonale soll nun nicht als Wegezug empfohlen
werden, weil sie, wie erwähnt, nicht günstiger aufschließt. Als alleinigen
Wegezug wählte man 1902 aber die lange Diagonale auch nicht;
man behielt sie trotz der Bauschwierigkeiten am steilen Fuße bei A
und trotz des spitzen Winkels $D\,A\,S_1$ zwar als Netzlinie bei, aber
man vervollständigte den Hangaufschluß durch drei neue Wegelinien.

Fig. 2 zeigt in W_1 D, W_2 C und S_2 H diese drei neuen Wegenetz=
linien. Die beiden W_1 D und W_2 C betrachte ich als Konzession
gegenüber dem Gedanken der rückläufigen Hangwege. Beide haben
aber den Mangel, daß sie mit 9 Proz. und 8 Proz. fallen, und daß
sie am sehr steilen Hange zwei Wendeplatten bei W_1 und W_2 er=
forderlich machen, deren jede bedeutende Kosten verschlingt und uns
ein Loch in den Berg und in den Bestand macht! Der dritte Weg
S_2 H fällt mit 8 und 9 Proz. und hat, wie in Fig. 4 zu sehen ist,
in dem steilen engen Einschnitt zwischen Distrikt 59 und 58 ebenfalls
eine Kehre zu passieren, die nicht minder schwer und teuer zu bauen
ist als die beiden Wendeplatten.

Nach dem Grundsatze, daß die auf der vorzüglichen Talchaussee
A D bequem erreichten Höhen — D liegt bereits 120 m über A! —
ausgenutzt werden müssen, ist in Fig. 3 der Sattel S_3 mit D, S_1 mit
C und die halbe Hanghöhe H mit B verbunden. Infolge der
Faltungen in der Bergwand beträgt das Gefälle nicht, wie in der
Zeichnung angegeben, 6 Proz., sondern beträchtlich weniger. Diese
Ersparnis an Gefälle gibt uns Bewegungsfreiheit

für schnelleres Verlassen der Höhe,

für längeres Verweilen in der Hangmitte,

für die Einmündung auf die Talchaussee in stumpferem Winkel,

für die Umgehung von bauschwierigen Stellen.

Unsere Haupttäler sind überall so breit, daß sich bequem Kurven
ohne nennenswerte Erdbewegung herstellen lassen. Die linke Seite
der Fig. 3 würde sinngemäß durch die nach links weiter geführten
Linien PM und S_4 . . . . aufgeschlossen werden. In dem Punkte P
endet die Linie MP, da sie auf eine bequeme alte Wegelinie stößt,
wie ihrer auf dem flachgewölbten Rücken so viele vorhanden sind, daß
auch der Sattel S_2 nicht in das neue Netz gezogen zu werden brauchte.
Es ist noch nachzuweisen, wo der von B nach H ansteigende Weg
bleibt; man betrachte in Fig. 5 seine Fortsetzung durch die Distrikte
59, 58; die Linie fällt von H langsam auf die Siebertalchaussee.

Fig. 4 enthält den Grundriß zu Fig. 2, Fig. 5 den Grundriß
zu Fig. 3. Eine weitere Beschreibung ist für den mit der Karte Ver=
trauten nicht nötig; es wäre höchstens zu erwähnen, daß der Deutlichkeit
wegen nur die Höhenlinien von 40 zu 40 m ausgezogen sind.

Schließlich bleibt noch zu vergleichen, welches Wegenetz die größere
Länge hat. Nach dem Wegenetz von 1902, Fig. 2 und 4, beträgt die
Wegelänge von

$$S_4 - A = 5230 \text{ m bei durchschnittlich } 4{,}6 \text{ Proz.}$$
$$W_1 - D = 1100 \text{ „ „ „ } 9 \text{ „}$$
$$W_2 - C = 1080 \text{ „ „ „ } 8 \text{ „}$$
$$\underline{S_2 - H = 2050 \text{ „ „ „ } 7{-}9 \text{ „}}$$
$$\text{zusammen } 9460 \text{ m}$$

nach meinem Entwurf, Fig. 3 und 5, beträgt die Länge von

$$M - P = 1640 \text{ m bei } \ldots \ldots 4{,}9 \text{ Proz.}$$
$$D - S_3 = 2400 \text{ „ „ } \ldots \ldots 4{,}6 \text{ „}$$
$$C - S_1 = 2800 \text{ „ „ } \ldots \ldots 5 \text{ „}$$
$$\underline{B - H = 1780 \text{ „ „ } \ldots \ldots 4{,}4 \text{ „}}$$
$$\text{zusammen } 8620 \text{ m.}$$

Die Differenz von 840 m zugunsten des Entwurfs ließe sich noch erheblich vergrößern, wenn man das Höchstgefälle 6 Proz. anwendete und somit von der Höhe ausgehend noch schneller zur Talchaussee gelangte. Von Umwegen kann im Ernst nicht die Rede sein, da schließlich nur die glatte Chaussee in Frage kommt, deren höchster und weitester Punkt D von A 3,8 km entfernt ist.

Mühlhausen sagt auf S. 6 seiner Schrift „Die Entwicklung des Wegebaus in den Königlich Preußischen Staatsforsten" 1904: Die Bemessung des Gefälles der Wege sei im allgemeinen (zwar) nach dem Grundsatze erfolgt, „daß unter sonst gleichen Verhältnissen derjenige Weg als der bessere zu bezeichnen ist, welcher das geringere Gefälle besitzt". Ich nehme nun für die Wegelinien der älteren Projekte und für die des neuen Entwurfs nicht nur die gleichen Verhältnisse an, sondern behaupte, daß die wasserwirtschaftlichen, das allgemeine Landeskulturinteresse berührenden Forderungen heute auf die Wahl der geringeren Gefälle außerordentlich viel stärker als früher hindrängen.

Kaiser „Die wirtschaftliche Einteilung der Forsten . . ." 1902, S. 114, hält im allgemeinen den mit 0 Proz. verlaufenden Weg (Nullweg) für den besten. Drei Zeilen vorher heißt es: „bei Neu=anlage von Wegen sollte nur eine Neigung von 0 Proz. bis 6 Proz. in Frage kommen. Was darüber geht, ist vom Übel!" Worin be=steht das Übel bei stärkeren Gefällen? In dem schnelleren Verbrauche der Wege durch Hemmen, durch Ausfließen, in der dadurch verursachten teueren Erhaltung und — in der Gefahr, daß wasserfammelnde und abflußbeschleunigende Rinnsale geschaffen werden.

Weil nun ein Gefälle von 6 Proz. für fließendes Wasser immer noch ein gefährlich hohes ist, muß auch der Ausbau der Wege der Erreichung unseres Zweckes, Wassergefahren zu verhindern, dienen. Der künstliche Eingriff des Wirtschafters in die Bodenoberfläche muß um so störender wirken, je stärker er ist. Deshalb ist die Frage der Breite des Weges von größter Wichtigkeit und zwar am meisten bei den Hangwegen.

Ein Minimum von Einschnitt erfordert die Herstellung der Bahn für den Schienenweg: das wäre das Ideal von Weg. Stötzer hat in seiner „Waldwegebaukunde" 1903 auf S. 192, 193 darauf hingewiesen, daß das schmale Planum am billigsten herzustellen ist; daß weniger Bodenfläche der Holzproduktion entzogen wird; daß die Unterhaltungskosten für die schmale und von Rädern nicht zer= wühlte Bahn am billigsten sind; gegenüber der Herstellung von Steinbahnen und von breiten Wegeflächen erfordert vielleicht die Beschaffung von Schienenjochen und rollendem Material nicht einmal Mehrkosten! Aus diesem Grunde ist eben unser Maximalgefälle brauchbar für künftige Waldbahnen gewählt. Da wir aber noch nicht soweit sind, müssen wir uns mit der für Pferdegespanne üblichen Breite beschäftigen. Eine Breite von 3 m würde genügen, wenn wir nicht für das Aufsetzen von Schichtholz an steilen Hängen 1 m Platz mehr brauchten. Gegen die bisher übliche Breite von 4 m ist daher nichts einzuwenden.

Von größerer Bedeutung noch als die Wegebreite ist das Wege= Querprofil! In der forstlichen Wegebauliteratur wird mancherlei empfohlen! Wege mit bergseitigen Gräben, Wege mit Wölbung in der Mitte, Wege ohne Gräben. Nur Kaiser vertritt die Forderung der nur nach der Talseite geneigten Querprofillinie.

Die von den meisten Forstschriftstellern begünstigten bergseitigen Gräben werden empfohlen mit der Begründung, daß das Wasser schleunigst von der Wegefläche entfernt werden müsse. Der Absicht kann man schon zustimmen, wenn auch, wie Schuberg nach meiner Ansicht richtig sagt, „für eine gute Fahrbahn nicht gerade völlig stäubende Trockenheit, als vielmehr ein gleichmäßiger geringer Feuchtigkeitsgrad erwünscht ist". Um keine Unklarheit über meine Ansicht zu lassen: ich halte die bergseitigen Gräben an steilen Hängen teils für unzweckmäßig, teils für geradezu gefährlich. Es ist von Kaiser schon darauf hingewiesen, daß die Wegebaukosten durch die Beschaffung von Platz für die Gräben, d. h. durch das

Hineinarbeiten in die immer massiger werdende Bergböschung, un=
verhältnismäßig hoch gesteigert werden; das ist die unzweckmäßige
Seite des Gräbensystems. In vielen Fällen werden die Gräben
aber dem Wege geradezu gefährlich: durch Witterungseinflüsse,
namentlich durch Frost und Auftauen, bröckeln die Bergböschungen
ab; es gehört nicht viel Erdmasse dazu, um einen Graben zu ver=
schütten; dann staut sich Tau= und Regenwasser und setzt den Weg
unter Wasser. Jeder Revierbeamte wird solche Beobachtungen gemacht
haben, wird auch der Behauptung zustimmen, daß man nicht mit der
wünschenswerten Eile allen so gefährdeten Stellen im Reviere helfen
kann. Aber, drohen den Wegen diese Gefahren nur in vielen Fällen,
so halte ich die bergseitigen Gräben in wasserwirtschaftlicher Hinsicht
für eine Gefahr in allen Fällen und deshalb — wenigstens an
steilen Hängen — für eine unzulässige Wegebaumaßnahme! Ange=
nommen auch, die Fahrbahn des Erdweges bliebe glatt und würde
nicht von belasteten Rädern mit Gleisen versehen, so schafft man mit
den Gräben doch künstliche Sammelrinnen, die den Wasserlauf der
nächsten Bergeinfaltung schnell verstärken und zur Zerstörung ge=
eigneter machen.

Nicht viel besser sind die Fahrbahnen, bei denen man zwar den
Graben wegläßt, denen man aber eine Wölbung in der Mitte gibt.
So ein gewölbter Erdweg sieht recht gut aus, wenn er eben fertig
ist, aber die Schönheit vergeht gar bald, wenn der schwerbelastete
Wagen Gleise eindrückt. Mit der Zeit wird sich an der Bergseite
ein unregelmäßiger Wassergraben bilden, der nur des kleinsten
Anfangs bedarf, um sich zum Seitengraben zu vervollkommnen, um
der Wegebreite ein Stück wegzunehmen und um die Gefahr des all=
zuschnellen Wasserabflusses zu schaffen.

Um allen diesen Störungen vorzubeugen, sind seitliche Wasser=
abführungen nach der Talseite gebräuchlich: Abschläge, die quer
über die Wegebreite gehen, etwas tiefer als die Fahrbahn liegen
und in ihrer Form befestigt werden müssen; das geschieht hier, wo
meist Steine in Überfluß vorhanden sind, durch Auspflasterung einer
flachen Mulde. Ich erkenne zwar an, daß zahlreiche Abschläge,
die das Wegewasser auf den unteren Hang führen, besser sind als
ein langer bergseitiger Graben, der mit unerwünschter Schnelligkeit
das gesammelte Wasser in das nächste Seitental und in den dort in
starkem Gefälle abströmenden Wasserlauf bringt; aber noch besser als
die Fahrbahn mit zahlreichen Abschlägen ist die Fahrbahn mit

durchgehender Neigung nach der Talſeite. Die Gründe, die gegen die Abſchläge ſprechen, ſind: man kann ſie — namentlich die gepflaſterten Mulden — als teure Zugabe zum Wegebau nicht in ungezählter Menge anbringen, muß alſo mit Zwiſchenräumen rechnen, die erheblich genug ſind, um bei ſtarken Niederſchlägen ſo viel Waſſer zu ſammeln, daß es unter den Weg geführt im Beſtande reißt; es iſt eben ſchon geſammeltes Waſſer. Bei Erdwegen iſt auch noch eine Befeſtigung der lockeren talſeitigen Böſchung nötig (ſ. Fr. Croy, S. 200). Die Abſchläge ſind alſo

1. teuer,
2. Waſſerſammler,
3. unangenehme Störungen für die Achſen der Wagen und für die Zugtiere. Der Stoß, den das ſchwerbeladene, bergab=fahrende Fuhrwerk erhält, wird um ſo kräftiger und für die Pflaſterung ſelbſt angreifender, je größer das Gefälle iſt.

Es ergibt ſich alſo mindeſtens noch ein Bedenken gegen die großen Gefälle und meinerſeits vielleicht das Zugeſtändnis, daß man die Quermulden um ſo eher anwenden kann, je geringer das Wegegefälle iſt. Für die Empfehlung des nur nach der Talſeite geneigten Querprofils iſt der Grundſatz maßgebend, daß das vom Himmel kommende fein verteilte Naß möglichſt ebenſo fein verteilt über den Weg und auf den unter dem Wege befindlichen Berghang gelange! Können wir das erreichen, dann ſprechen wir nicht mehr von einem ſchädlichen Eingriff, oder wir haben ihn doch möglichſt unſchädlich gemacht. Auch bei dem mit geneigtem Querprofile angelegten Wege werden Froſt und Tauwetter Erdmaſſen von der Bergböſchung abbröckeln; aber hier iſt — im Gegenſatz zu den Grabenwegen — die Aufhöhung der Querprofil=linie an der Bergſeite nur ein Mittel, um das Waſſer noch ſicherer von der Fahrbahn auf den unteren Berghang zu befördern. Wir können dann mit unſeren geſchulten Wegearbeitern erſt die wegen der Holzabfuhr nötigſten Ausbeſſerungen vornehmen nnd kommen zu den zeitweiſe weniger benutzten Wegen immer noch rechtzeitig.

Von verſchiedenen Seiten wird der geneigten Querprofillinie der Vorwurf gemacht, daß ſie bei Froſt oder gar Glatteis, auch ſchon bei Schnee, die Sicherheit der Fuhrwerke durch Abgleiten bedrohe. Nun, der Schlitten würde ſich vermutlich näher an der Bergböſchung eine Bahn ſuchen und durch den Schneewall an der Talböſchung ge=

schützt werden; weiter würde niemals ein Fahrzeug auf den empfohlenen mäßig fallenden Wegen in ein solches Tempo geraten, wie auf den beliebten 10 bis 12prozentigen Wegen; schließlich dauert im Gebirge die Schneelage länger als der Frost, und bevor sich der Fuhrmann bei Frost an den Berg begibt, hat er im Tale genug zu fahren.

Eher kann man den Einwand gelten lassen, daß das empfohlene Querprofil auf Erdwegen ebenso schwer zu erhalten sei wie Wölbungen und Gräben. Ohne besondere Vorkehrungen geht das allerdings nicht. Beim Wegeneubau sind „Steinraffeln" sehr zu empfehlen; das sind quer durch den ganzen Wegekörper verlaufende Steinsätze von $\frac{1}{2}$ bis 1 m Breite: die Steine werden hochkantig so gesetzt, daß die breiten Seiten senkrecht zur Fahrrichtung stehen, damit in den Längszwischenräumen etwaiges Wasser besser durchsickern kann. Der Hauptzweck ist, in murigem Boden, oder wo sonst Steine in Über=fluß vorhanden sind, einen festen Querschnitt von gewünschter Neigung herzustellen; die Wasserdurchführung ist Nebenzweck, sie wird für Sickerwasser aber in großartiger Weise erreicht. Wo der Stein=satz (man könnte ihn Packlage nennen) die Oberfläche der Fahrbahn erreicht, da wird Kleinschlag obenauf gebracht und mit ihm die Fahrbahnebene ausgeglichen. Diese Steinraffel ist nicht ratsam an Stellen, zu denen man die Steine weit heranfahren muß, sonst wird die Sache zu teuer; die Anlage empfiehlt sich nur da, wo die Steine als „überflüssiges" Material in die Böschungen geworfen werden; im letzteren Falle aber verursacht der durch den Wegekörper gehende Steinsatz wenig Kosten mehr als der Erdkörper. Beim Neubau sind überhaupt sorgfältig die zurzeit nicht verwendbaren Steine auf=zubewahren für die spätere Unterhaltung der Wege!

Die Unterhaltung oder, wie Professor Fr. Croy treffender sagt, die Erhaltung der Wege ist ein außerordentlich wichtiges Kapitel, wichtig für den forstlichen Haushalt und von größter Bedeutung für die Wasserwirtschaft. Die Aufgabe der Wegeunterhaltung gipfelt in der Erhaltung der Wegekrone, im vorliegenden Falle also in der Erhaltung des talseitig geneigten Querprofils.

Nach dem empfehlenswerten Grundsatze, daß man im „exten=siven" Waldbetriebe möglichst das von der Natur an Ort und Stelle gebotene (daher billige) Material verwenden soll, nehmen wir Forst=leute Steine und Holz zur Ausbesserung und Befestigung der Wege. Steine gibt es nicht überall, Holz in jedem Gebirgsforst.

Die Fig. 6 bis 8 führen ein Beispiel vor, was aus vernach=
lässigten Wegen werden kann; allerdings eins der schlimmsten Bei=
spiele. Es ist keine Frage, daß heutzutage die Wege — besonders
die neugebauten — in viel besserem Zustande erhalten werden. Das
Beispiel stellt die Zerstörung alter Wege dar, die in vielen Revieren
leider noch in mehreren Exemplaren vorhanden sind, meist noch
zum Langholzrücken verwendet und dadurch noch weiter vertieft
werden. Die Zeugen für die Entstehung solcher Hohlwege liegen zur
Seite der Wege. Die ursprüngliche Fahrbahn in Fig. 6 wird gleich
durch die erste Benutzung verändert; Fig. 7 zeigt das flachere Gleis
an der festeren Bergseite, das tiefere Gleis in dem weicheren Anschutt
der Talseite und den aufwärts gepreßten Rand. Bei jedem Nieder=
schlag benutzt ein Wässerchen die neugeschaffenen Rinnen, spült Erde
und nimmt schließlich auch kleinere Steinchen mit; gröbere Steine
werden bloßgelegt, hindern den Fuhrmann, darum werden sie heraus=
geworfen. Ich habe noch Wege„ausbesserungen“ gesehen, die (s. Fig. 8)
in Hohlwegen von der höheren festeren Hohlwegsohlenhälfte die Erde
wegnahmen und die tiefere Hälfte damit ausfüllten; große Stein=
brocken wurden hinaus= und hinaufbefördert; oben an den Rändern
der bis 4 m tiefen Hohlwege liegen sie in langen Wällen, stumme
und doch beredte Zeugen für solche unglaubliche Leistung! Natürlich
sieht die glattgemachte Hohlwegsohle vorläufig „ganz nett“ aus, aber
der nächste Regen schafft wieder den alten Zustand und macht die
Ausbesserungskosten zu einem weggeworfenen Aufwand. Daß man
solche Hohlwege zwischen Steinwällen selbst auf Bergrücken findet, ist
schwer zu glauben, aber wahr!

Der Revierverwalter ist zunächst im Zweifel, ob solche häßliche
Hohlwege wieder beseitigt werden sollen, namentlich solche, die nicht
einmal die Grenze von 10 bis 12 Proz. mit ihrem Gefälle halten,
sondern oft viel steiler sind. Nun sind die alten Wege nicht sehr
breit, also nicht allzu teuer wiederherzustellen und werden an steilen
Hängen immer noch gern zum Herabschleifen der Langhölzer benutzt;
sie entlasten dadurch unsere neuen, mit geringerem Gefälle an=
gelegten Wege. Das wäre ein Grund, sie beizubehalten, aber kein
zwingender.

Dringend dagegen ist die Forderung, diese Hohlwege als Wasser=
risse unschädlich zu machen; sie reißen sonst immer tiefer ein, be=
fördern das Wasser übermäßig schnell zu Tal, überlagern gelegentlich
die Talchausseen mit Schutt und bereichern die Talbäche an Geschiebe=

maſſen. Die Schuttkegel am Ende ſolcher Hohlwege ſind Beweiſe für ihre Schädlichkeit. Fig. 9 ſtellt den Querſchnitt einer Hohlwegheilung in Diſtrikt 78 (Sieber) dar. Da der Hohlweg, mit weicher Erd= oder Geröllmaſſe ausgefüllt, nicht haltbar iſt, ließ ich Knüppel quer — ſenkrecht zur Fahrrichtung — legen, mehrere übereinander, wenn der Hohlweg tief war; der oberſte Knüppel braucht gerade kein Nutzſtück zu ſein, darf Äſte haben und muß nur leidlich gerade ſein. Der oberſte Knüppel bildet mit ſeiner oberen Rundung die Querprofillinie, iſt alſo etwas geneigt; an der Talſeite wird der aufgebogene und durch fortgeſetzte falſche Nachbeſſerungen immer mehr erhöhte Böſchungsrand ſo abgetragen, daß der Anſchluß an die fallende Talſeite hergeſtellt und ſomit der ſeitliche Waſſerabfluß ermöglicht wird. Nimmt man zuerſt das Einlegen der Knüppel vor, womit unſere mit den Wegekreuzen geübten Arbeiter ſehr ſchnell fertig werden, ſo hat man gleichſam ein Gerüſt, welches den Arbeitern einen ſicheren Anhalt für die Lage der Wegekrone bietet und die Arbeit außerordent= lich fördert. Der Knüppel wird mit dem einen Ende in die Berg= böſchung eingebettet, für das Ende auf der Talböſchung kann berg= abwärts eine kurze Erdbank ſtehen bleiben zum Schutze gegen Rad= ſtoß, oder man befeſtigt das Ende durch eingeſchlagene Pfähle. Die Knüppel ſelbſt werden einige Zentimeter hoch mit Erde oder Steinen überdeckt, damit nicht der Radſtoß unmittelbar den Knüppel erſchüttert. Sind nur tiefe Geleiſe auszufüllen, ſo werden ſie nach dem Einlegen der Querknüppel mit Steinen ausgeſetzt, nicht regellos ausgefüllt, denn je haltbarer die Packung, deſto geringer werden die Nachbeſſerungs= koſten. Immer und überall aber bleibt die Hauptſache, daß der Tal= böſchungsrand ſo niedrig gehalten wird, daß das Waſſer an jeder Stelle ſeitlich abfließen kann.

Bei dem wüſten Hohlweg im Diſtrikt 78 ſtanden uns nicht ge= nügend Steine zur Verfügung, alſo wurden die Höhlungen mit weicher Erd= und Geröllmaſſe ausgefüllt; durch die nachfolgende Benutzung iſt dieſe Maſſe feſtgefahren und der Weg hat ſich in vielverſprechender Weiſe gut erhalten.

Bis jetzt ſind, wie geſagt, nur die allerſchlimmſten Wege ſo nach= gebeſſert, d. h. die am tiefſten eingeriſſenen. Für ihre Wegebreite von etwa 3 m reichten 4 m lange Knüppel aus. Die Anzahl der Quer= hölzer richtete ſich nach dem Grade der Zerſtörung, der Steilheit des Weges und nach der Art des Ausfüllungsmaterials. Je unähnlicher die Höhlung einem Wege, je ſteiler der Verlauf je weicher die Erd=

maſſe war, deſto enger mußten die Querhölzer gelegt werden. So ſchwanken die Entfernungen zwiſchen 3 m, 6 m, 12 m.

Derartige Wegeerhaltungsarbeiten ſind bei ihrer erſten Anlage natürlich teurer als ſolche, bei denen die Fahrbahn, gleichviel in welcher Lage und ſei es auch in einem Hohlwege, nur „ein bischen zurecht= gekratzt" wird. Hier wurden 12 bis 14 cm ſtarke Buchenknüppel gewählt; ein Knüppel hat bei $\frac{4 \text{ m Länge}}{14 \text{ cm Durchm.}}$ einen Feſtgehalt von 0,06 fm, es gehören alſo zu 0,7 fm oder 1 rm 11,7 oder rund 12 Knüppel, die bei engſter (3 m) Lage auf 36 m Wegelänge reichen. Weil wir nicht das beſte Holz nehmen und weil es in unwegſamer Gegend nicht hoch im Preiſe ſteht, darf ein Erlös über die Werbungs= koſten von höchſtens 1,50 M. für 1 rm berechnet werden; bei Fichten= anbruchknüppeln wird der Preis noch geringer! Für das verwendete Holz erfahren im ungünſtigſten Falle die Wegeausbeſſerungskoſten alſo nur eine Erhöhung um 4,2 Pfg. für den laufenden Meter.

Die oben geſchilderte Hohlwegheilung im Diſtrikt 78 koſtete für
542 m Wegelänge an Arbeit . . . 158,00 M.
7 rm verbaute Buchenknüppel . . . 10,50 „
Zuſammen 168,50 M.,
das macht für das laufende Meter = 31,1 Pfg.

Die beim Neubau angelegte „Steinraſſel" wird viel dazu bei= tragen, das Wegeprofil, in der gewünſchten Form und Lage zu er= halten; ihre Anlage bei Ausbeſſerungen würde teurer werden, da der Wegekörper erſt ausgehoben werden müßte, trotzdem würde ſie an „murigen" Stellen noch von Nutzen ſein.

Auf die in unſerer Waldwegebau=Literatur beſchriebenen Bauten von Durchläſſen, Kanälen, Brücken brauchen wir hier nicht einzugehen. Dieſe an Waſſerläufen notwendigen Bauten ſind ja von vielen Wege= baukundigen klar und deutlich beſchrieben; es ſei nur immer wieder auf die Kaiſerſchen Schriften aufmerkſam gemacht, die in hervor= ragend begründeter Weiſe die Verwendung und Zügelung des Waſſers im Walde zur Pflicht des Forſtwirtes machen, ſie zur geſetzlichen Pflicht jedes Bodenwirtſchafters gemacht wiſſen wollen.

Noch eine andere, dem Gebirge eigentümliche und waſſergefährliche Holzabfuhrbahn fordert dringend Erwähnung, das ſind die ſteilen, meiſt geröllgefüllten, im Harze faſt im waſſerführenden Seitentäler, Schluchten, „Kappen"! Sie laſſen wegen ihrer Steilheit keine ver=

nünftige Wegeanlage mehr zu, werden aber von den Fuhrleuten mit ihren vorzüglich eingeübten Pferden gern zum Herabschleifen des Langholzes benutzt. Zwei Umstände nötigen auch hier zur Nachbesserung und Schadenverhütung: Zuerst ist es die Unmöglichkeit, die durch das Schleifen nach kürzerem Gebrauch vertieften und bis auf den Holzdurchmesser verengten Schluchten weiter zu benutzen, da die Pferde keinen Platz zum sicheren Fußen mehr finden; dann der Schaden, der durch das aufgerührte und zum Teil von den Stammenden mitgeschobene Geröll entsteht, in dessen schmalen Rinnen das Wasser schneller als gewöhnlich zum Bach des Hauptstales fließt. Gewöhnlich, d. h. unangerührt, liegt das Gerölle der Schlucht fest, ist auch an lichteren Stellen durch zwischengewachsene Graswurzeln mehr gebunden; zwischen den Geröllbrocken versinkt das Wasser und findet bei seinem zum Teil verborgenen Abfluß erwünschte Verzögerung. In den durch die herabgeschleiften Stämme verursachten Rinnen aber findet das Wasser glattere Bahn, stürzt schneller bergab und nimmt gelegentlich durch Regengüsse verstärkt, so viel Gerölle mit, daß in einem Falle (Bärental, Distrikt 59 der Oberförsterei Sieber) 34 zweispännige Fuhren Schutt auf der Talchaussee lagen. Auch an dem Fuße der steilen Seitentäler sind die „Schuttkegel" Beweise für die gemeinsam vom Fuhrmann und vom Wasser angerichteten Verwüstungen!

In einem anderen Falle, im Königstale, Distrikt 80, 82 (Oberförsterei Sieber), weigerten sich die Fuhrleute, die Abfuhr weiter zu besorgen. Da blieb denn weiter nichts übrig, als wieder zur Verbauung mit Querknüppeln zu greifen, wenn man nicht gezwungen sein wollte, jedesmal nach 8 bis 14 Tagen die Herstellung einer Tretbahn von neuem vornehmen und immer wieder neue Geldausgaben machen zu müssen. Zwischen die horizontal gelegten Querhölzer konnten in diesem Falle Steine gepackt werden. Seit nun sechs Jahren hat sich die Ausbesserung der steilen, steinigen Schleifbahn gut gehalten, nachdem 50 000 Ztr. Fichtenlangholz darauf zur Talchaussee befördert sind; sie hat sich so gut gehalten, daß wir der Hinabbeförderung aller in Zukunft einzuschlagenden Hölzer mit Ruhe entgegensehen. Gleichzeitig ist für die Zügelung des Wassers gesorgt, welches zwischen der Steinpackung versinkt und zum Teil unterirdisch, immer aber mit Hindernissen langsam abfließt. Die Geröllbewegung ist ungefähr gleich Null!

Die Kosten für diese Herstellung betrugen:

an Arbeitslöhnen . . . . 204,93 M.

für 3 rm Buchenknüppel à 1,50 M. .   4,50 „

Zusammen 209,43 M.

auf 513 m Länge, also für einen laufenden Meter rund 41 Pfennige.

Sollten auf diese Weise alle steilen „Kappen" (Seitentäler), von denen nach oberflächlicher Zählung im Reviere Sieber 110 vorhanden sind, in kurzer Zeit befestigt werden, dann würde freilich ein bedeutender Kostenaufwand erforderlich werden; aber es genügt, immer nur da die Geröllbefestigung herzustellen, wo der Hauptschlagbetrieb oder der Einschlag von Starkholz stattfindet. Auf diese Weise wird man die große Arbeit auf viele Jahrzehnte verteilen können. Es ist wohl nicht nötig anzugeben, daß diese steilen Seitentäler (Bärental, Königstal) und ihre Umgebung noch nicht durch Hangwege aufgeschlossen sind, sonst würden die steilen Geröllpartien nicht zum Holztransport benutzt werden.

Hier drängt sich die Frage auf, ob es überhaupt notwendig ist, die steilen Hänge durch Wege zu erschließen; ich hörte diese Frage von maßgebender Seite ernstlich aufwerfen! Hätten wir nur lange Bau- und Schneidehölzer zu verkaufen, so würde ich selbst schwankend in meinem Urteil werden. Aber wir gewinnen aus den Fichtenbeständen auch viele von den Holzschleifereien sehr begehrte Schichtnutzhölzer und aus den Buchenbeständen außer dem Brennholze meistens kurze Nutzhölzer; außerdem verbietet sich das Rücken mit Pferden in jungen dichten Beständen; die so außerordentlich wichtige Bestandspflege vermittels der Durchforstungen würde erschwert, und mit der Verletzung der stehenden Stämme durch die bergabschießenden schweren Langhölzer bliebe es beim alten.

Entscheidet man sich für das eine oder das andere, auf jeden Fall liegt es im wasserwirtschaftlichen Interesse, durch dauerhafte Befestigung der Wege und Geröllschluchten in der vorgeschriebenen Weise für die feine Verteilung und für den langsamen Abfluß des Wassers zu sorgen. Daß auch die Forstwirtschaft dabei ihre Rechnung findet, ergibt sich aus dem einfachen Exempel: es ist billiger, mit einem Aufwande von 40 Pfennigen den laufenden Meter Weg für Jahre dauerhaft nachzubessern, als in einem Jahre $x$mal den laufenden Meter für jedesmal 10 Pfennige auszubessern, indem auch das letzte Mal keine dauerhafte Heilung erzielt wird.

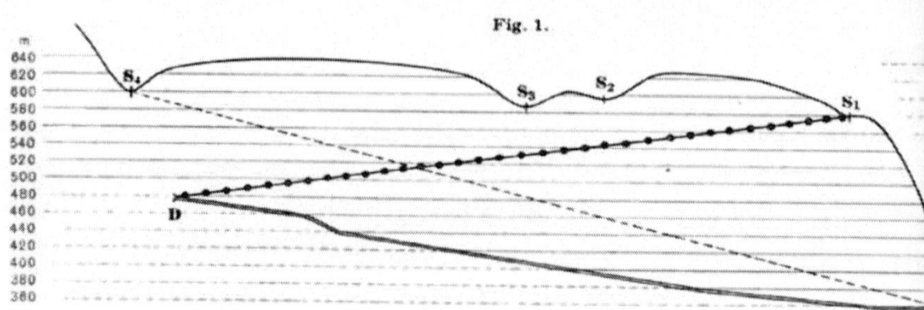

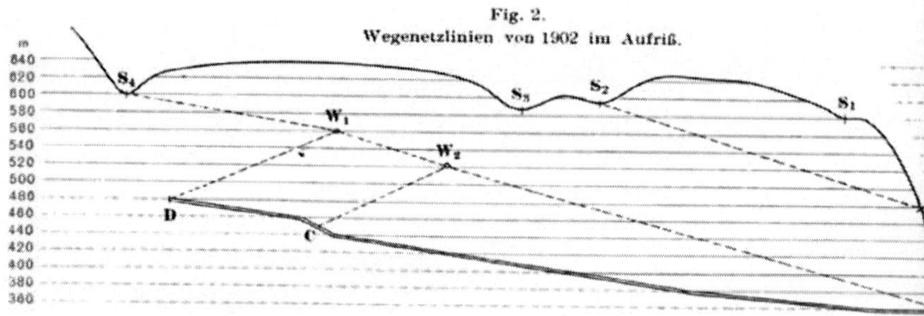

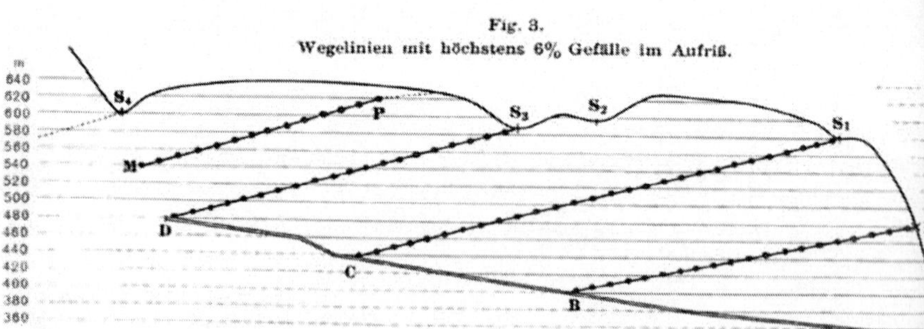

Verlag von Julius Springer in Berlin.

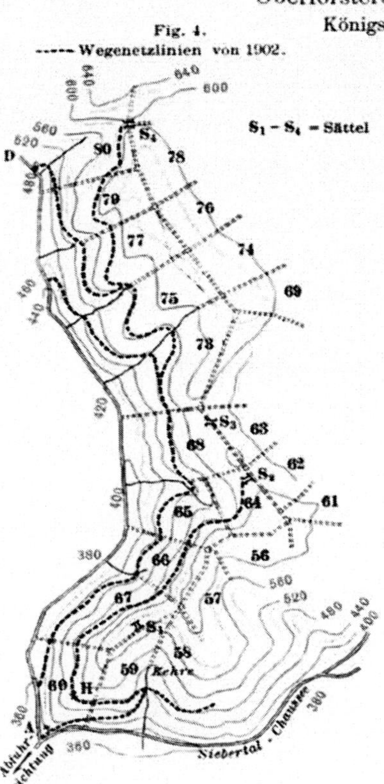

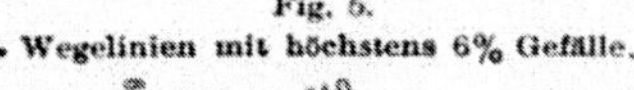

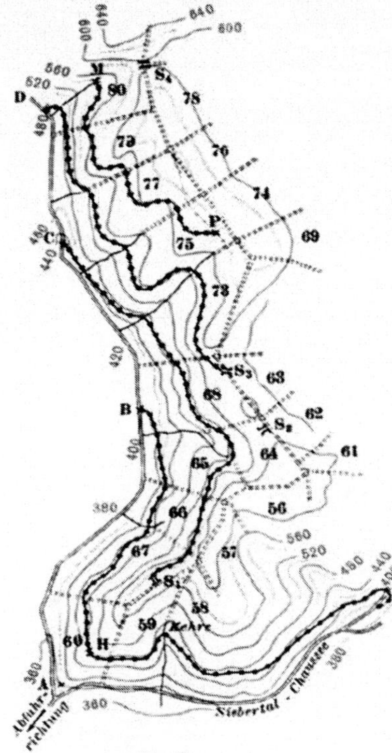

Fig. 6.
Ursprünglicher Zustand des Weges.

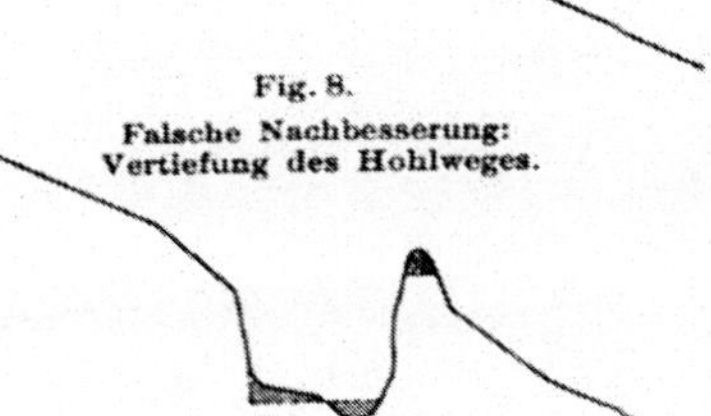

Fig. 7.
Beginnende Geleisbildung.

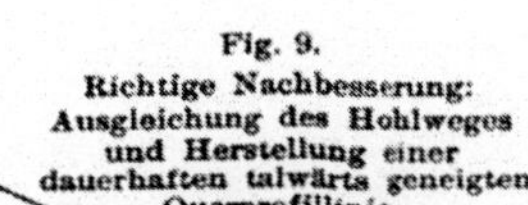

Fig. 8.
Falsche Nachbesserung:
Vertiefung des Hohlweges.

Fig. 9.
Richtige Nachbesserung:
Ausgleichung des Hohlweges
und Herstellung einer
dauerhaften talwärts geneigten
Querprofillinie.

Fig. 10.
Früherer schlechter Zustand.

Maßstab 1:30000

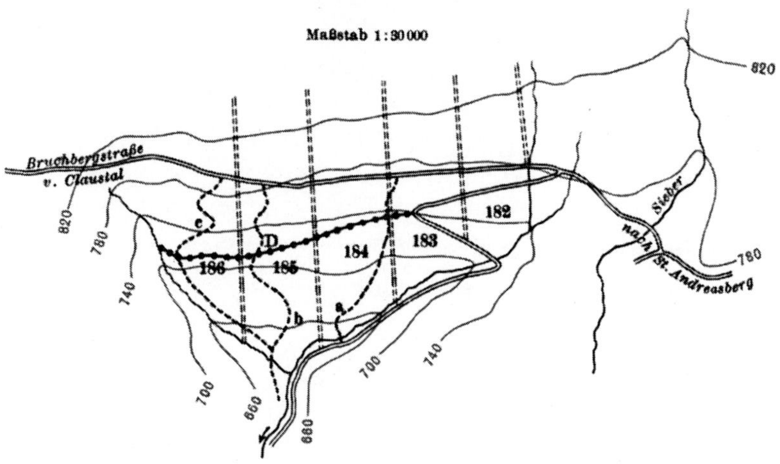

Fig. 11.
Jetzige verbesserte Wegelage
mit Gräben von 1/2 % Gefälle.

Die vorstehende Darstellung gilt für das Gebiet der Gebirgs=
hänge, deren Steilheit eine chronische Vernässung ausschließt.

Es bleiben noch die Gebirgsgebiete zu behandeln, deren sanftere
Neigung in niederschlagsreicher Gegend die Ansammlung von Wasser
und die Entstehung einer auf die Wasserabflußverhältnisse ungünstig
einwirkenden Bodendecke begünstigt. Hier sind die Wege mit ge=
ringstem Gefälle am Platze. Ein Beispiel aus der Wirklichkeit mag
am besten diese Behauptung begründen:

In nicht gepflegtem Zustande sehen die Wegeverhältnisse der
Distrikte 182 bis 168 (der Oberförsterei Sieber) so aus wie in Fig. 10.
Umgrenzt wird dieser Revierabschnitt oben durch die Bruchbergstraße
(von Klausthal nach St. Andreasberg), links (westlich) durch ein steiles
steiniges Bachtal ohne Weg, rechts durch ein von einem befestigten
Steinwege begleitetes Bachtal. Von früher sind nur die Wege a, b, c
im Hauptgefälle vorhanden; sie sind jetzt zu tiefen, unfahrbaren Hohl=
wegen vom Fuhrmanne ausgefahren, vom Wasser ausgewaschen:
schlimme Hochwasserrinnen und trostlose Geröllführer! Im
Jahre 1889 wurde der Netzweg D entworfen, der mit 7 Proz. (Last
bergauf) in die Chaussee mündete. Es wäre leicht gewesen, die Bruch=
bergstraße (Provinzialchaussee) mit geringstem Gefälle bis zum Bach=
taleinschnitt der Sieber zu führen und so schon eine gründliche Ent=
lastung des tiefer liegenden Hanges zu erreichen. Man erkennt heute
gar nicht mehr, nach welchen Grundsätzen unsere Vorfahren diesen
Hauptweg mit wechselndem Gefälle angelegt haben. Im übrigen
durchfurchen kleinere und größere Entwässerungsgräben im Haupt=
gefälle den Hang: die flacheren, vielfach verstopft und an den Versatz=
stellen mit sich ausbreitenden Wassermoospolstern, die größeren, zu
tiefen Wasserrissen ausgewaschen, die z. T. 5 m Tiefe erreichen und
die gefährlichsten Geröllführer darstellen.

Mit mehr Vorteil als in diesem Gebiete kann man nirgends
die Horizontalwege anlegen. Bei der letzten Betriebsregelung 1910
sind bei der Prüfung des Wegenetzes vom Herrn Minister u. a. auch
zwei Wege, A und B genehmigt, deren Verlauf in Fig. 11 zu ersehen
ist. Der obere Weg A ist bereits fertiggestellt und führt im berg=
seitigen Graben ein bei 0,5 Proz. lebendig rieselndes, in seiner Höhe
natürlich mit der Niederschlagsmenge wechselndes Bächlein.

Die im steilen Gelände so bestimmt verworfenen Wegegräben
haben wir im nassen Gebiete sehr nötig. Die Erfahrung beweist,
daß hier ein Weg — stets aufgeweicht — mit Lastwagen nicht be=

fahren werden kann; das geringere Hanggefälle macht aber nicht eine
so große Erdbewegung an der Bergseite erforderlich, mit dem Aushub
kann man schon einen guten Teil des Erddammes aufwerfen. Zwar
kostet ein Längenmeter dieses Weges 5,6 M. gegen 3 M. der ge=
wöhnlichen grabenlosen Wege; aber was bedeutet diese Mehrausgabe,
wenn man aus den Rechnungen ersieht, daß nach einer Regenperiode
im Herbst 1905 allein in den drei Distrikten 184—186 eine ein=
malige Nachbesserung der alten Hohlwege für 1060 M. erforderlich
wurde! Die bequeme Holzabfuhr wird alsbald die Holzpreise steigen
lassen und die Wegebaukosten bald amortisieren, da der Weg nur
wertvolle Altholzbestände (Fichten) aufschließt. Außer dem guten Auf=
schluß der Holzbestände bringt der Wegegraben aber noch alle Vorteile
der Bodenveredelung, des Bodenschutzes, der Wassersammlung
in knappen Zeiten, der Abflußverzögerung bei starken Nieder=
schlägen, wie sie oben geschildert sind.

Auch hier wird der Forstwirt sogar für große Ausgaben noch seine
Rechnung finden. Es fragt sich nur, ob bei schneller Bearbeitung
des nassen Geländes auch in Jungbeständen, die recht lange
(60—80 Jahre) auf Verzinsung warten lassen, die anderen Wasser=
interessenten zur Mittragung der Kosten zuzuziehen wären.

Zu erwähnen ist noch ein Mittel, mit dem man im Forstbetriebe
die vielen Wasserrisse und Wildbäche bändigen zu können meint, das
sind die Sperrbauten. Man glaubt, durch sie die Kraft des Wassers
zu brechen und der Geröllführung Einhalt zu tun. Billige Holz=
bauten sind nur dort zu empfehlen, wo ständig Wasser fließt; bei
wechselnder Trocknis und Nässe fault das Fichtenholz binnen 5 Jahren.
Steindämme werden in der Hochlage durch die Anfuhr von Kies
und Zement teuer; hier kostete ein solcher Damm 80 M.; am
13. Juni 1910 wurde er beim Gewitter von solchen Geröllmassen
überschüttet, daß seine erste Räumung 240 M. kostete!

Teure Staudämme dürfen nur dort angelegt werden, wo geringes
Gefäll eine beträchtliche Rückstaulänge ergibt. Wir würden also
die Wildbachwasser am Hange erst in Gräben geringsten
Gefälles bändigen und den Bau der Staudämme auf die
Sammelbäche in den natürlichen Tälern beschränken.

Bestehende Gesetze und notwendige Ergänzungen.

Es gibt Wohltaten, die der Mensch nicht mehr hoch genug ein=
schätzt, wenn er sie lange genießen durfte und sich an sie wie an
etwas Selbstverständliches gewöhnte. Bis dann Katastrophen kommen,
die ihm die verlorenen Werte zeigen! So geht es im staatsbürger=
lichen, so geht es im wirtschaftlichen Leben.

Die wohltätigen Wirkungen des Waldes werden auch als etwas
Selbverständliches hingenommen, sie sind auch so natürlich! Großer
Schaden folgte, wenn man den Wohltäter vernachlässigte oder gar
vernichtete. Jedoch nichts ist so schlimm, es entspringt etwas Gutes
daraus.

So haben uns die Waldverwüstungen und die ihnen in ur=
sächlichem Zusammenhange folgenden Hochwasserschäden bewiesen,
daß der Wald regelnd auf den Wasserhaushalt einwirkt. Erst der
Schaden hat Waldschutzgesetze gezeitigt!

Am weitesten zurück sind in der Waldschutzgesetzgebung die süd=
europäischen Staaten [1]). Süddeutschland ist weiter voran als das
mehr Tiefebenen enthaltende Norddeutschland.

Die gesetzlichen Bestimmungen der einzelnen Staaten geben uns
lehrreiche Beispiele:

Frankreich. Das Gesetz vom 4. April 1882 „relative à la restau-
ration et la conservation des terrains en montagnes" setzt fest „das
Enteignungsrecht für den Staat und die Bannlegung". Der Kosten=
aufwand für Schutzwaldungen betrug bis 1898 46 Millionen Francs.
Dieser Aufwand ist geringer als der in Preußen bis dahin angerichtete
Hochwasserschaden!

Die Schweiz hat ein strenges Waldschutzgesetz von 1876.

Italien von 1877.

Ungarn ordnet im Forstgesetz von 1879 eine weitgehende Staats=
aufsicht an über die Wälder, auch über de. Privatwald. „Nur

---

[1]) Vgl hierzu die vorzüglichen Ausführungen in der Zeitschrift für Forst=
und Jagdwesen, (Verlag von Julius Springer, Berlin) von Danckelmann: „Die
Waldwirtschaft im Dienste der Wasserwirtschaft." 10. Heft, Oktober 1888, S. 577 ff.
Martin: „Kritische Vergleichung der . . . forstpolitischen Maßnahmen", 2. Heft,
Februar 1907, S. 77. Danckelmann und Semper: „Wirtschaftliche Rückblicke" . . .
2. Heft, November 1898, S. 654 ff., 6. Heft, April 1909, S. 232 ff., 4. Heft, 1910,
S. 203 ff.

der auf nicht absolutem Waldboden stockende im Privatbesitz befind=
liche Wald ist frei." Auf Grund dieses Gesetzes sind 477 904 ha
Schutzwald ausgeschieden!

Schweden. Gesetz v. 24. Juli 1903 betr. „Bewirtschaftung der
Privatforsten." Es ist das Hauptgesetz, das die Besitzer zwingt zur
Waldwiederverjüngung durch Kulturen oder Samenbäume.

Außerdem sind Spezialgesetze vorhanden:

Gesetz vom 29. Juni 1866 betr. Walddisposition hauptsächlich in
Lappland, in den Gebirgsgebieten der Provinzen Norbotten und
Westerbotten. Alles Verkaufsholz muß hier von Staats=
forstbeamten ausgezeichnet werden. Die Forsten sind geschätzt
durch Stammaufnahme, der jährliche Etat durch Normalformel be=
stimmt.

Gesetz vom 24. Juli 1903 gegen zu scharfe Hauungen von Jung=
wuchsbeständen in den Küstengebieten der Provinzen Norbotten
und Westerbotten. Dies ist ein „Dimensionsgesetz": Alle Bäume
von 21 cm $\times$ 4,75 m dürfen gehauen werden; alles kleinere Holz
(in Durchforstungen?) muß von Forstbeamten ausgezeichnet werden.

Gesetz vom 24. Juli 1903 betr. „Schutzwälder", gültig für die
Hochgebirgsgebiete südlich von Lappland. Alles Verkaufsholz
muß von Forstbeamten ausgezeichnet werden. Die Bestandes=
vorräte sind hier nicht aufgenommen.

Gesetz vom 13. Juni 1908 betr. „Bewirtschaftung der Privat=
forsten auf der Insel Gotland". Alles Verkaufsholz muß gewöhn=
lich von Forstbeamten (nicht staatlichen) ausgezeichnet werden. Das
ist im Tieflande eine begreiflicherweise freiere Wirtschaft!

In Deutschland vertreten Bayern, Baden, Württemberg den
Standpunkt, „daß die Regierungen das Recht und die Pflicht haben,
durch gesetzliche Maßnahmen auf die Erhaltung der Forsten einzu=
wirken, und zwar nicht nur insoweit sie einen direkten Schutz für
angrenzende Grundstücke ausüben, sondern auch um des Waldes
selbst willen, um ihn im Interesse der zukünftigen Besitzer und des
Allgemeinwohls in einem gesicherten produktionsfähigen Zustande zu
erhalten." (Martin).

Es seien hier besonders die Gesetze Bayerns erwähnt. Forstgesetz
vom 28. März 1852 enthält sehr scharfe Bestimmungen: es war Sache
des Waldbesitzers zu ermessen, ob sein Waldgrundstück Schutzwald war
oder nicht. Eine Entscheidung der Forstpolizeibehörde konnte hierüber
herbeigeführt werden. Jedoch das Forstrügengericht (Amtsgericht) war

bei Zuwiderhandlung gegen die Schutzwaldvorschriften an die Ent=
scheidung der Forstpolizeibehörde nicht gebunden!

Die Forstgesetznovelle vom 17. Juni 1896 bestimmt mit Ver=
bindlichkeit für das Forstrügengericht: „Waldbesitzer, welche im
Zweifel sind, ob ihren Waldungen die Eigenschaft von Schutzwaldungen
zukommt oder nicht, können jederzeit eine bezügliche Feststellung bei
der Forstpolizeibehörde beantragen.“ Die Strafen für Zuwider=
handlungen gegen die Bestimmungen dieses Gesetzes betragen 200 M.
bis 3000 M. für das Hektar der in Betracht kommenden Waldfläche!

Durch die Novelle vom 26. Februar 1908 werden auch die
Personen für die Kosten der Wiederaufforstung haftpflichtig gemacht,
die einen Bestand abholzen (ohne das Grundstück selbst gekauft zu
haben), oder die eine nach den gesetzlichen Bestimmungen aufzuforstende
Waldblöße erwerben.

Welche kraftvolle Forstpolitik in Bayern!

Königreich Sachsen:

Das Sächsische Wassergesetz vom 12. März 1909 bestimmt in
§ 1 Nr. 2, daß

    „die Benutzung und Unterhaltung der Quellen und der Ab=
    flüsse von den Quellen fließender Gewässer, solange sie noch
    nicht das Ursprungsgrundstück . . . dauernd verlassen haben, der
    Aufsicht des Staates nur insoweit unterliegen, als das in diesem
    Gesetze besonders bestimmt ist“ (§§ 40—42, 75, 151, 153, 154).

In den meisten dieser Paragraphen sind Spezialfälle von ge=
meinnützigen Wasserverbrauchsanlagen angeführt. Nur § 75
dürfte die „Unterhaltung von Eigentumsgewässern“ umfassender treffen:
„Die Eigentumsgewässer und deren . . . Behälter . . . müssen in
solchem Stande gehalten werden, daß eine Beeinträchtigung oder Ge=
fährdung der öffentlichen Sicherheit und Wohlfahrt vermieden wird.“

Wenn die Gesetzgebung auch den Waldboden als natürlichen
„Behälter“ ansieht und nicht nur an künstliche Leitungen und Wasser=
verbrauchsanlagen gedacht hat, sondern auch die gewöhnlichen Boden=
bearbeitungsarten (Entwässerungsgräben, Wegebauten usw.) im forst=
lichen Betriebe mittreffen wollte, dann wäre ein Rechtsgrund für die
Staatsaufsicht über die Forsten gesetzlich festgelegt.

Wenn es dann im § 143 heißt:

    „Soll die Enteignung . . . verfügt werden für Anlagen
    4. zur Zurückhaltung des Wassers im Quell= oder Nieder=
    schlagsgebiete“,

so wird die Hoffnung noch größer, daß der Zurückhaltung des Wassers auch die Forstbetriebe dienen sollen und daß diese Betriebe vom Staate beauftragt werden müssen.

Preußen steht in der gesetzlichen Fürsorge für die Schutz=waldungen nicht zurück. Es wird nur hohe Zeit, daß wir uns auf das seiner Absicht nach treffliche „Gesetz über Schutzwaldungen und Waldgenossenschaften" vom 5. Juli 1875 besser besinnen.

Hue de Grais (Verfassung und Verwaltung)[1] sagt Seite 562: „Das Gesetz hat zwar — wohl infolge des etwas umständlichen Ver=fahrens — keine umfassenden Erfolge aufzuweisen, verdient aber als erster Schritt auf diesem bisher vernachlässigten Gebiete gleichwohl Beachtung." Und in der Anmerkung 22: „seither bestanden 26 Ge=nossenschaften mit 2600 ha Fläche, neuerdings sind im Reg.=Bez. Stade 30 Genossenschaften mit 2500 ha zustande gebracht worden." Alle Hochachtung vor dieser tüchtigen Verwaltungstätigkeit im Flachlande! Aber wo blieb der Schutz für die Gebirgslagen?

Auch namhafte Forstleute bedauern die geringen Fortschritte, die wir auf dem Gebiete der Schutzwaldeinrichtung zu verzeichnen haben. Sie meinen aber, daß eine gerade Durchführung der Gesetzesbe=stimmungen große Erbitterung bei den Besitzern hervorrufen könne. Man sieht nicht recht ein, warum der Staatsgedanke bei uns nicht so kräftig sein kann wie bei den Bayern. Jedenfalls zeichnet Martin (Kritische Vergleichung) Bedürfnis und Weg am besten mit dem Satze: „Um in Preußen einen wirksamen Schutz herbeizuführen, er=scheint es als das beste Mittel, daß mit dem Prinzip der völligen Freiheit der Privatforstwirtschaft gebrochen wird; daß sich die Waldbesitzer gewissen Beschränkungen, wie es in Süddeutschland und in Österreich der Fall ist, unterwerfen müssen. Diese würden allgemein dahin gerichtet sein, daß die Vornahme von Hauungen, durch welche nachteilige Folgen für Nachbargrundstücke oder für die allgemeine Landeskultur entstehen, von der Staatsforstpolizei untersagt werden können."

Das Gesetz vom 6. Juli 1875 bietet vortreffliche Handhaben zur Betätigung der sehr nötigen Staatsoberaufsicht. Zum besseren Ver=ständnis dient die Ausgabe des Gesetzes „mit Erläuterungen heraus=gegeben von O. Oehlschläger und A. Bernhardt" (Verlag von Julius Springer), Berlin 1878.

---

[1] „Handbuch der Verfassung und Verwaltung in Preußen und dem Deutschen Reiche" von Graf Hue de Grais, 20. Aufl., Verlag von Julius Springer, Berlin 1910.

Da lesen wir in der Anmerkung 1 zu § 1: „Es begründet keinen Unterschied, ob es sich um den Waldbesitz des Staates, der Gemeinden, öffentlichen Anstalten, Genossenschaften oder Privaten handelt. Auf alle Waldgrundstücke findet das Gesetz vielmehr gleichmäßige Anwendung." Anm. 2: Das Allgemeine Landrecht (I,8, § 83—95) gebot Einschränkungen der Benutzung der Privatforsten; das Landeskulturedikt vom 14. September 1811, § 4, hob diese Beschränkungen wieder auf. Schade!

Nach § 2 kann die Ausführung von Waldkulturen angeordnet werden:

a) wenn Wasserläufen die Gefahr der Versandung droht;

b) wenn durch das Abschwemmen des Bodens oder durch die Bildung von Wasserstürzen . . . die unterhalb gelegenen nutzbaren Grundstücke . . . der Überschüttung oder der Überflutung ausgesetzt sind;

c) wenn durch die Zerstörung eines Waldbestandes den Ufern von Wasserläufen Abbruchgefahr droht;

d) wenn durch die Zerstörung eines Waldbestandes Flüsse der Gefahr einer Verminderung ihres Wasserstandes ausgesetzt sind;

e) für Windschutz.

Die Anmerkungen 5 und 6 dehnen die Schutzmaßregeln sogar auf die Betriebsart (Plenterbetrieb) und auf die Wirtschaftsführung (Verbot des Kahlschlags, Gebot der Anlage von Horizontalgräben, Verbauungen, Sickerkanälen) aus.

Schwierig ist die Bestimmung, daß die richtige Waldwirtschaft nur erzwungen werden kann, wenn erhebliche Gefahr droht, und wenn der abzuwendende Schaden den aus der Einschränkung für den Eigentümer erwachsenden Nachteil beträchtlich überwiegt.

Noch mehr hindert die Bestimmung des § 5, wonach der Antragsteller in erster Linie die Kosten für die Schutzwaldmaßregeln zu tragen hat. Es ist begreiflich, daß unter solchen Umständen nicht viel „Anträge" gestellt werden.

Durch die früheren Ausführungen ist hoffentlich nachgewiesen, daß die kleinen billigen wasserwirtschaftlichen Maßnahmen den Vorteil des Waldeigentümers steigern — diese Möglichkeit ist auch im Schutzwaldgesetze § 5, Absatz 4, vorgesehen —. Angesichts dieser Wertsteigerung des forstlichen Besitzes wäre es mehr als wünschenswert, daß im neuen Wassergesetz die Schutzbefugnisse des Staates weiter ausgedehnt und erleichtert würden.

Um alle die schwierigen Bestimmungen des Gesetzes über die Entschädigungsfrage zu erleichtern, wäre es ratsam, die forstlichen Arbeiten (Hieb, Kulturen, Wegebau) in zwei Klassen zu trennen:

in Arbeiten, die die wasserwirtschaftlichen und Landesschutz-Forderungen erfüllen und dabei zugleich bodenbessernd und ertragssteigernd auf den forstlichen Betrieb wirken, jedenfalls aber in der richtigen Ausführung nicht mehr kosten als früher in der verkehrten,

und in Wasserarbeiten, die über das Bedürfnis der Forstwirtschaft hinausgehen, die deshalb die Ausgaben rein forstlich betrachtet unwirtschaftlich steigern und ausschließlich zum Nutzen anderer Erwerbskreise ausgeführt werden.

Überwiegt hier der allgemeine Nutzen und ist keine friedliche Einigung zu erreichen, dann käme auch noch die Anwendung des Gesetzes „über die Enteignung von Grundeigentum" vom 11. Juni 1874 in Betracht, dessen § 1 sagt: Das Grundeigentum kann nur aus Gründen des öffentlichen Wohles . . . gegen vollständige Entschädigung entzogen oder beschränkt werden.

Das in dieser Beziehung mehr als das Waldschutzgesetz wirkende Gesetz vom 16. September 1899 für das Odergebiet ist oben bereits erwähnt. Daß wir anderwärts auch erhebliche Hochwasserschäden zu beklagen haben, ist bekannt. Was bei der Oder recht ist, das ist bei anderen Flußgebieten billig!

Wenn wir uns daran gewöhnen, unsere Forstarbeiten auch nach wasserwirtschaftlichen Gesichtspunkten hin zu prüfen und auszuführen, kann es nicht schwer halten, daß die zahlreich um den Forst bemühten Beamten, namentlich die Lokalbeamten: Revierverwalter und Förster binnen kurzem auch die einfachste Wasserwirtschaftstechnik gründlich beherrschen. Die Wasserwirtschaft im Walde müßte ein Zweig der forstlichen Ausbildung werden. Es steht dann eine große Zahl praktisch geschulter Staatsbeamten zur Verfügung, die als Hüter der Gewässer — in Belgien und Frankreich heißen sie „gardes généraux des eaux et forêts" — nicht nur die Staats- und Gemeindeforsten betreuen, sondern ihren Rat auch der Privatforstverwaltung kostenlos zukommen lassen können.

Der beklagenswert langsamen Entwickelung der preußischen Schutzwaldfläche steht eine lebhafte Tätigkeit der Preußischen Staatsforstverwaltung gegenüber. Mit den verhältnismäßig geringen zu Gebote ſtehenden Mitteln ſind in den Jahren 1883—1908

Ödländereien angekauft 109 174 ha

davon aufgeforſtet 96 186 ha;

oft ſind darunter verödete Felder, die einſt prächtigen Wald trugen, aus forſtfiskaliſchem Beſitz bei Ablöſung von Berechtigungen in Privat= beſitz übergingen und nun in die pflegende Hand zurückgekehrt wieder ihrer natürlichen Beſtimmung zugeführt werden. Der Hauptanteil dieſer Flächen liegt im Oſten des Königreichs.

Was vom Staate ſonſt noch geleiſtet wird an Beihilfen für Öd= landsaufforſtung ſeitens unbemittelter Gemeinden und an höheren Beſoldungsquoten für die mit Gemeindewald=Aufſicht betrauten Staatsforſtbeamten[1]), iſt ſo erheblich, daß in der 3. Auflage v. Hagen= Donner „Forſtliche Verhältniſſe Preußens“, S. 84, geſagt werden konnte: „Nach den bisher gemachten Erfahrungen iſt als feſtſtehend an= zunehmen, daß die durch das Waldſchutzgeſetz erzielten Erfolge nicht annähernd zu vergleichen ſind mit dem, was während deſſen Gültigkeitsdauer durch die Aufforſtungsbeihilfen und ſeitens der Staats= forſtverwaltung auf dem Gebiete der Bindung des Flugſandes, der Bewaldung von Ödland uſw. erreicht worden iſt.“

Auch die Zunahme der privaten Aufforſtungstätigkeit wird von einzelnen Autoren als eine indirekte Wirkung des Schutzwaldgeſetzes angeſehen, während nach meiner Anſicht die Waldumwandlung beim Privaten nur durch Ertragsrückſichten geboten wird, ſeitdem die Tatſache feſtſteht, daß auf gewiſſen Grundſtücken der Wald mehr einbringt als der Ackerbau.

Mag immerhin das Schutzwaldgeſetz von 1875 als Markſtein in der Geſchichte der Preußiſchen Forſtpolizeigeſetzgebung gelten, es iſt für den Privaten immer von geringerer Bedeutung geblieben als die ökonomiſchen Grundſätze des Gelderwerbs. Der Markſtein muß weiter hinausgeſetzt, die Grenzen der Schutzwaldfürſorge müſſen erweitert werden!

In der Zeitſchrift für Forſt= und Jagdweſen iſt die Tätigkeit der Preußiſchen Landwirtſchaftskammern betreffend Beratung des

---

[1]) Im Reg.=Bez. Wiesbaden z. B. zahlen die Gemeinden für die Ver= waltung und den Schutz ihrer Forſten durch Staatsbeamte einen Beitrag für 1 ha, der weit unter dem Staatszuſchuß bleibt. Dabei beträgt der Reinertrag aus den Gemeindewaldungen 17 M. mehr als aus den Staatsforſten! S. „Gemeindewald und Staatsaufſicht in Preußen“, Silva, illuſtrierte Forſtzeitung Nr. 52. 1911, herausgegeben von Forſtrat a. D. Dr. Raeß in Darmſtadt.

Privatforstbesitzes gebührend hervorgehoben. Es wird dort auch der Vorschlag gemacht, daß eine weitere Durchführung der gesetzlichen Schutzwaldbestimmungen besser von den Landwirtschaftskammern besorgt werde als von den Staatsbehörden, die bei jeder neuen Tätigkeit zunächst beargwöhnt werden.

Der Vorschlag ist nicht von der Hand zu weisen. Da es aber natürlich ist, daß die Landwirtschaftskammern vornehmlich das ökonomische Prinzip betonen, würde es ebenso empfehlenswert sein, bei wirtschaftlichen Maßnahmen, die Industrie und Handel so nahe berühren, auch die Handelskammern zur Mitwirkung zuzuziehen.

Die große Bewegung, die den Wasserhaushalt im Harze seit 1904 zu regeln sucht, geht von der Handelskammer zu Braunschweig aus. Die Gesellschaft zur Förderung der Wasserwirtschaft im Harze zu Braunschweig hat den großen Erfolg aufzuweisen, daß die Staatsbehörden die Talsperrenprojekte im Harze nicht nur günstig beurteilen, sondern tatkräftig der Verwirklichung entgegenführen.

Die Handelskammer zu Hannover betätigt ihr großes Interesse für dieselben Arbeiten, um für das Gebiet der Leine die Wasserverhältnisse zu regeln. Vgl. die „Denkschrift betr. die wirtschaftliche Bedeutung der Leine und ihrer Zubringerflüsse, insbesondere die Verbesserung der Wasserläufe" von Ökonomierat Hempel.

Als sofort nach den verkehrten Entwässerungseingriffen der Forstverwaltung auf den Hochlagen des „Ackers" und „Bruchbergs" (im Harz) im Jahre 1861 ein durch langandauernde Landregen verursachtes ungewöhnlich starkes Hochwasser ungeheuren Schaden anrichtete — für die Gewerke und Anwohner der Harztäler allein wurde der Schaden auf 300000 M. berechnet —, war es die Handelskammer zu Osterode am Harz, die einen die falsche Entwässerung des Hochmoors verbietenden Ministerialerlaß herbeiführte.

Daß die Handelskammern nicht einseitig auf die Talsperrenbauten hinarbeiten, sondern den Wasserausgleich in den Gebirgsforsten auch durch forstwirtschaftliche Maßnahmen fördern wollen, beweist die Zuziehung zahlreicher Forstleute zu den namentlich in Braunschweig gepflogenen Beratungen. Es konnte nicht ausbleiben, daß die Forstleute dort eine Fülle von Anregungen empfingen, die z. T. hier ihren Ausdruck fanden, und für die der Verfasser seinen besonderen Dank ausspricht.

Schluß.

Wir nehmen an, daß die Schutzwirkung des Waldes auf den Wasserhaushalt in der Natur erwiesen ist.

Wir geben zu, daß an verschiedenen Orten im preußischen Vaterlande der schützende Wald noch willkürlich gerodet oder doch unpfleglich und unwirtschaftlich behandelt wird.

Wir haben die Überzeugung, daß uns, um mit Danckelmann zu reden, Wasserschutzwald dringend nötig ist. Die nötigen gesetzlichen Handhaben sind da, um diesen Wasserschutzwald teils neu zu begründen, teils nur zu pflegen, ohne den Besitzer im Ertrage zu schädigen, ja indem seine Einnahmen zugleich mit dem nationalen Einkommen noch gesteigert werden.

Nachdem die Staatsverwaltungen mit vorbildlichem Eifer an die Verbesserung der Ödlandsverhältnisse herangegangen sind, ist es Sache der ferneren Gesetzgebung, neue und wirksamere Bestimmungen zu bringen, die wasserschädliche Wirtschaftsarten verbieten und wasserwirtschaftlich nützliche Bodenbenutzung gebieten.

Bei der Durchberatung des Preußischen Wassergesetzentwurfes wäre der Antrag zur Aufnahme eines Paragraphen in etwa folgender Fassung zu stellen:

„In den hochgelegenen Quellgebieten der Flüsse ist der Wald nach wasserwirtschaftlichen Grundsätzen zu bewirtschaften.

Das Schutzwaldgesetz vom 5. Juli 1875 ist zu prüfen auf Ausdehnung seines Wirkungskreises und auf Erleichterung seiner Anwendung.

Die noch nicht unter voller Staatsaufsicht stehenden Gemeindewaldungen sowie die im Schutzgebiete liegenden Privatforsten sind der Staatsoberaufsicht zu unterstellen.

Es muß zugegeben werden, daß der Stoff reichhaltig ist; schwierig zu bearbeiten aber nur, wenn die Rücksicht auf Einzelinteressen größer ist als die Fürsorge für das Allgemeinwohl.

Industrie, Handel und Gewerbe sind mit Fürsorgebestimmungen so stark belastet, daß von dem viel ertagssichereren Forstgrundbesitze die schmerzlose Unterstellung unter „das Allgemeinwohl sichernde" Gesetze gefordert werden darf.

Nachwort.

Erst während der Drucklegung der vorstehenden Abhandlung gelang es, Einblick in den Entwurf eines Preußischen Wassergesetzes vom Dezember 1911 zu gewinnen.

In dem Entwurfe wird das Privateigentum an den Wasser=läufen zweiter und dritter Ordnung anerkannt — im Anschluß an den bestehenden Rechtszustand. Um so selbstverständlicher wird das Privateigentum anerkannt an dem oberirdisch außerhalb eines Wasserlaufs abfließenden Wasser, d. h. „an allem Wasser, das aus dem Boden herausquellend oder aus der Atmosphäre niedersinkend oberirdisch abfließt, ohne einen Wasserlauf im Sinne des § 1 des Entwurfs zu bilden." (Begründung zu § 176 Seite 178.) Zum Wasserlaufe im Sinne des Entwurfs gehört außer dem Wasser das Fließbett.

Der § 176 des Gesetzentwurfs sieht gleichwohl eine allgemeine Einschränkung des Grundstückeigentümers vor in der Bestimmung, daß „der Ablauf des oberirdisch außerhalb eines Wasserlaufs ab=fließenden Wassers nicht künstlich in einer die tieferliegenden Grund=stücke belästigenden Weise verändert" werden darf.

So hoffnungsvoll dieser Paragraph stimmen kann, so sehr wird sein Wirkungskreis verengert durch den folgenden Absatz: „Unter dieses Verbot fällt nicht eine Veränderung des Wasserablaufs infolge veränderter wirtschaftlicher Benutzung des Grundstücks!"

Wird diese ausschließende Bestimmung des Abs. 2 vom § 176 Gesetz, dann sehen wir wie bisher machtlos zu, wenn ganz nach Will=kür des Eigentümers der quellenschützende abflußregelnde Wald ver=nichtet wird. Der Absatz 2 des § 176 fällt am besten ganz weg.

Der Eigentümer wird deshalb nicht geschädigt. Die vorliegende Abhandlung empfiehlt ja Wirtschaftsmaßregeln, die neben dem Wasser=schutz eine in der Bodenerhaltung liegende Kapitalsicherung und eine dauernde Ertragsteigerung versprechen; außerdem liegt aber in der Auffassung des Gesetzentwurfes die Gewähr, daß das Privat=eigentum nicht über die berechtigten Forderungen des Allgemeinwohles hinaus beschränkt werden soll.